もくじ

なにこれ

めったに見られないサル！	キンシコウ	12
鼻は人気のあかし！	テングザル	14
サルの指人形！？	ピグミーマーモセット	15
サル？ムササビ？	マレーヒヨケザル	16
チクチク！	ミユビハリモグラ	18
トゲでおしゃべり！	シマテンレック	19
あし長すぎ！	タテガミオオカミ	20
あぶない！ささる！	バビルサ	21
鼻？それとも花！？	ホシバナモグラ	22
つるぴかのおまんじゅう！	サバクキンモグラ	23
あしが折れちゃいそう！	ヒメミユビトビネズミ	24
はだかでさむくないの？	ハダカデバネズミ	25
真っ白なぬいぐるみ！？	シロヘラコウモリ	26
なんでびしょぬれ！？	オオホオヒゲコウモリ	27

最強のよろい！	キノボリセンザンコウ	28
たけのこ!?	ヒメアルマジロ	29
体も鼻もビッグなやつ！	キタゾウアザラシ	30
本物の鳥なの？	アカミノフウチョウ	34
どう？きれいでしょ！	オウギバト	36
かっこいいでしょ！	オウギタイランチョウ	37
モテる男はふところが広い？	キジオライチョウ	38
ぼくを見て！	オオグンカンドリ	40
どうしてそんなに長いの!?	オナガラケットハチドリ	42
小っちゃすぎ〜！	ミニマヒメカメレオン	43
え？ヘビじゃないの!?	ヨーロッパアシナシトカゲ	44
しっぽをパクリ!?	アルマジロトカゲ	45
かくれんぼ！	エダハヘラオヤモリ	46
中身が丸見え！	アマガエルモドキ	47

砂漠なんてへっちゃら！	ヒトコブラクダ	50
なんでそんなところに!?	シロイワヤギ	52
大きさにはわけがある！	サイガ	53
うそ!? しずまないの?	アジアゾウ	54
毒の葉を食べる！	コアラ	56
どうしても食べたかった!?	ジャイアントパンダ	58
大きな耳の大きな役割！	オグロジャックウサギ	60
ボールに変身！	ミツオビアルマジロ	61
多すぎ！大きすぎ！	インドオオコウモリ	62
ジャバ〜っとな！	ハシビロコウ	66
よくばりすぎ!?	ニシツノメドリ	67

どこにいるの？	ハイイロタチヨタカ	68
こんな大群見たことない！	セキセイインコ	70
いっせいにパッカ〜ン！	ハイイロペリカン	72
重すぎ！でっかすぎ！	オサガメ	74
水を集めるすごいワザ！	モロクトカゲ	76
いっしゅんでペロリン！	ジャクソンカメレオン	77
忍法！水走り！	グリーンバシリスク	78
空の近道を行く！	ブランフォードトビトカゲ	79
かくれんぼの天才！	マダガスカルヘラオヤモリ	80
便利なパラシュート！	ワラストビガエル	81

つよい

だれもにげられない！	チーター	84
地上最強のハンター集団！	リカオン	86
空からしのびよるハンター！	ウオクイコウモリ	88
吸血鬼!?	チスイコウモリ	89
小っちゃな悪魔！	タスマニアデビル	90
毒をもつなぞの生き物！	カモノハシ	92
長いあしで強烈な一発！	キリン	94
キックボクシング！	アカカンガルー	96
岩のようなはだ！	セイウチ	97
ぜったいにがさない！	ヒョウアザラシ	98
陸でも油断できない！	シャチ	99
命がけのダイビング！	アオアシカツオドリ	102
好物は……サル!?	カンムリクマタカ	104
世界一キケンな鳥!?	ヒクイドリ	105
伝説の毒鳥！	ズグロモリモズ	106
こっそりいただきます！	ハシボソガラパゴスフィンチ	107
しずかにしめ殺す！	アフリカニシキヘビ	108
どんな生き物も引きずりこむ！	ナイルワニ	110
毒をもつドラゴン！	コモドオオトカゲ	112
世界一強力な毒!?	モウドクフキヤガエル	113

なぜなに

あごがはずれそう!	カバ	116
さぼっているわけじゃない!	ライオン	118
いつのまにかとどいてた!?	ゲレヌク	120
なまけるのには理由がある!	ミユビナマケモノ	122
動物界最強の巣!	アメリカビーバー	124
海そうのふとん?	ラッコ	126
電車ごっこ!?	ジャコウネズミ	128
おじゃましまーす!	ハードウィックウーリーコウモリ	129
立ち泳ぎ中?	マッコウクジラ	130
あれ!? 手がある?	アフリカレンカク	134
このちゃっかり者!	キバシウシツツキ	135
巨大マンション!?	シャカイハタオリ	136
鳥もきれいな物が好き!?	アオアズマヤドリ	138
私だけの花!	ヤリハシハチドリ	140
寒さとの戦い!	タンチョウ	141
ピンクにはひみつがある!	ベニイロフラミンゴ	142
世界一たいへんな子育て!	コウテイペンギン	144
そんなの食べて苦しくないの?	アフリカタマゴヘビ	146
砂の海で泳ぐ!?	ミズカキヤモリ	148
お父さん! おんぶ!	セアカヤドクガエル	149

7

かしこい

高い所でゆったりお食事!	ヒョウ	152
大きな落とし物!	ニホンリス	154
だれも近づけない!	ジャコウウシ	156
とっても便利なもよう!	オオアリクイ	158
死んでいるの!?	キタオポッサム	160
いい湯だな〜!	ニホンザル	162
かたい木の実を食べるワザ!	フサオマキザル	164
自然を使いこなす!	チンパンジー	166
ばつぐんのチームワーク!	マイルカ	168
まとめてパックン!	ザトウクジラ	170
あ〜そこそこ!	カケス	174
だれにもわたさないよ!	ドングリキツツキ	175
空に巨大な鳥!?	ホシムクドリ	176
必殺! 石ばくだん!	エジプトハゲワシ	178
こっちにおいで〜!	クロコサギ	179
大きいつまようじ!?	キツツキフィンチ	180
アチッ! アチッ!	アンチエタヒラタカナヘビ	182
これならすべらない!	ヨコバイガラガラヘビ	183
わが子のためなら!	アフリカウシガエル	184

8

この本がもっと楽しくなる！ 動物のお話

目のつき方で「肉食動物か草食動物か」がわかる！ …… **32**

「分類」は生き物を知るための「道具」！ …………………… **48**

歯の形で「肉食か草食か」がわかる！ ……………………… **64**

動物にはグループごとに特徴がある！ …………………… **82**

目の大きさで「おもな活動時間」がわかる！ …………… **100**

「学名」はとても便利なアイテム！ ………………………… **114**

ツメの形で「くらし」がわかる！ …………………………… **132**

見た目だけじゃわからないこともある！ ……………… **150**

体の大きさで「すんでいる場所」がわかる！ ………… **172**

「絶滅」にはかならず理由がある！ ……………………… **186**

きみも「進化」を体験して生まれてきた！ …………… **187**

この本の使い方 …………………………………………… **10**

動物園を100倍楽しむコツ …………………………… **188**

さくいん ……………………………………………………… **190**

編集／佐藤暁（ネイチャー＆サイエンス）
執筆協力／三笠暁子・水野昌彦
ブックデザイン／辻中浩一・吉田帆波（ウフ）
イラスト／いずもり・よう
校正／株式会社 鷗来堂

この本の使い方

世界中から集めた、おもしろいすがたや変わった生態をもつ動物（哺乳類、鳥類、爬虫類、両生類）を、はくりょくのある写真とわかりやすい文章でしょうかいしています。

特徴アイコン
動物を、次の5つの特徴に分けてしょうかいしています。

なにこれ / すごい / つよい / なぜなに / かしこい

英名
英語でつけられた名前です。

分類
その動物の分類です。動物は体の特徴などから、なかまごとにいくつかのグループに分けられています。

和名
日本語でつけられた名前です。
＊和名がない動物は、学名や英名のカタカナ読みで表しています。

絶滅危惧度メーター
その動物が絶滅する危険度をランクで表しています。メーターが高いほど、絶滅する可能性が高いことを表しています。

学名
ラテン語でつけられた世界共通の名前です。ひとつの種につき、ひとつの学名がつけられています。

Long-beaked Echidna
ミユビハリモグラ
哺乳類　単孔目ハリモグラ科　*Zaglossus bruijnii*

毛がとげになった、ふしぎな生き物。食べ物やくらしはモグラににているが、モグラとは別の動物。

絶滅危惧度
EX / EW / **CR** / EN / VU / NT / LC

チクチク！

生息地：ニューギニア島西部（インドネシア）
生息環境：高地の森林
食べ物：ミミズ
寿命：約30年（飼育記録）

こんな大きさ
その動物が最も成長したときの大きさを、人間のこども（身長139cm）または手のひら（長さ16cm）の大きさとくらべています。

データ
その動物がすんでいる地域や環境、食べ物などの基本情報をしょうかいしています。

まめちしき
人にじまんしたくなる、その動物のおもしろ情報をしょうかいしています。

メーターの記号の意味
この本のランクは、国際自然保護連合（IUCN）の評価に基づいています。

記号	意味
EX	すでに絶滅したと考えられる種
EW	野生にはいなくなり、飼われているなどして生存している種
CR	ごく近い将来、野生からいなくなる可能性がきわめて高い種
EN	CRの次に、近い将来、野生からいなくなる可能性が高い種
VU	絶滅する可能性が高まっている種
NT	環境が変わるなどすると絶滅する可能性がでてくる種
LC	広く分布していたり、数が多かったりする種
印なし	まだ評価がされていない種（NE）
？	評価するための情報が不足している種（DD）

中国の山奥には、青い顔に金色の毛をもつ、
世にもめずらしいサルがいる。
標高 1600 〜 4000m の高山を
むれで移動しながら、くらしている。

おとなのオスは、
口の両はしに
いぼがある

子ザルの白っぽい毛は
母親の胸の毛と同じ色で、
抱かれていると敵に
見つかりにくい

鼻はあなだけ
寒い場所では、毛のない鼻
先はしもやけになってしまう。
そのため、鼻が小さくなっ
たと考えられている。

分布	中国中部
生息環境	森林
食べ物	葉、果実、コケなど
出産数	1頭

まめちしき 中国のかぎられた山地にしかいない。ジャイアントパンダ（P58）などとともに、中国の
「国家一級重点保護野生動物」になっている。つまりとてもめずらしい生き物なのだ。

なにこれ

Proboscis Monkey
テングザル

哺乳類 | 霊長目オナガザル科 | *Nasalis larvatus*

食事のときはじゃまになるので、手で鼻をどかすこともある

鼻は人気のあかし！

絶滅危惧度
- EX
- EW
- CR
- **EN**
- VU
- NT
- LC

おとなのオスはとても大きい鼻をもつ。こどものころは小さく、おとなになると大きくなる。鼻が大きいほどメスにもてて、むれのリーダーになれる。

分布 ボルネオ島（東南アジア）
生息環境 熱帯雨林
食べ物 葉、果実
とくぎ 泳ぎ（水かきがある）

こんな大きさ

まめちしき サルのなかまではゆいいつ、ウシと同じように、かまずにのみこんだ葉をためておける胃腸をもっている。安全な場所でのみこんだ葉を口にもどし、ゆっくりと食べる。

なにこれ

Pygmy Marmoset
ピグミーマーモセット

哺乳類 霊長目オマキザル科 | *Cebuella pygmaea*

生き物とは思えない超小型のサル。
おとなでも体長10cmほどしかなく、
重さはハムスター(約100g)と同じくらい。

こんな大きさ
← 指にしがみつく
ピグミーマーモセット
の赤ちゃん
(実物大)

サルの指人形!?

絶滅危惧度: EX / EW / CR / EN / VU / NT / **LC**

分布	アマゾン川上流域(南米)
生息環境	熱帯雨林
食べ物	樹液、昆虫など
寿命	約10年

まめちしき ジャングルでくらし、声でなかまどうしをかくにんし合う。森では、鳥のような鳴き声がいちばんよく聞こえるため、このサルは鳥のさえずりのような声で鳴く。

Malayan Flying Lemur
マレーヒヨケザル

哺乳類　皮翼目ヒヨケザル科　| *Cynocephalus variegatus*

巣はつくらず、こどもは
まくにくるんで育てる

絶滅危惧度

EX
EW
CR
EN
VU
NT
LC

木ににたもよう
体のもようは木のみきにそっくり
なので、敵に見つかりにくい。昼
間は木の実のふりをしてぶら下
がって休み、夜になると活動する。

こんな
大きさ

分布　東南アジア西部
生息環境　低地〜山地の森林
食べ物　葉、花、樹液、果実など
出産数　1頭

サル？ ムササビ？
森の夜空に広がった五角形。
正体は、東南アジアの
森にだけすむ
ヒヨケザルという生き物だ。
体のまくを大きく広げ、
木と木のあいだを
風に乗って移動する。
その最高距離は
なんと136m！

まめちしき　ヒヨケザルの名は「皮翼」が変化したもの。進化や生態のなぞが多い生き物。サルの
なかまではないが、祖先は、サルなどの霊長類に近い生き物であったと考えられている。

赤ちゃんは
母親のおなかに
しがみついている

↑しっぽを上下に動かし、
まくをはばたかせて飛ぶ

まめちしき 哺乳類では、ほかにもムササビやモモンガなどがまくを広げて風に乗って移動する。木から木へ上り下りするよりも、空を移動したほうが、速くて安全だからだ。

Long-beaked Echidna
ミユビハリモグラ

哺乳類 | **単孔目ハリモグラ科** | *Zaglossus bruijni*

毛がとげになった、ふしぎな生き物。
食べ物やくらしはモグラににているが、
モグラとは別の動物。

きけんを感じると、
とげを立てて丸くなるか、
急いで地面にあなをほり、
背中だけ出してうずくまる

チクチク！

絶滅危惧度
- EX
- EW
- **CR**
- EN
- VU
- NT
- LC

分布 ニューギニア島西部（インドネシア）
生息環境 高地の森林
食べ物 ミミズ
寿命 約30年（飼育記録）

こんな大きさ

まめちしき 哺乳類ではめずらしく卵を産む。メスのおなかの皮は、産卵期になるとのびてふくろになり、その中に卵を産む。生まれたてはとげがなく、生えそろうまでふくろの中で育つ。

なにこれ

Striped Tenrec

シマテンレック

哺乳類　食虫目テンレック科 | *Hemicentetes semispinosus*

しまもようでとげだらけのふしぎな生き物。
背中のとくしゅなとげをふるわせて「ジージー」という音を出し、親子ではぐれないように、よび合っている。

音を出すとくしゅなとげは15本ある

トゲでおしゃべり!

絶滅危惧度

EX
EW
CR
EN
VU
NT
LC

分布 マダガスカル
生息環境 熱帯雨林
食べ物 ミミズ、昆虫
出産数 5〜8頭

こんな大きさ

まめちしき マダガスカルには肉食動物が少ないので、昼も活動する。黄と黒のしまもようは、しげみの中では光と影にまぎれて目立たず、身をかくす役目をしていると考えられている。

19

なにこれ

Maned Wolf
タテガミオオカミ

哺乳類　食肉目イヌ科 | *Chrysocyon brachyurus*

大きな耳で、
地中のネズミが出す音を
聞きとって、つかまえる ↓

はなれた場所から
えものにとびかかり、
一発でつかまえる

絶滅危惧度

EX
EW
CR
EN
VU
NT
LC

あし長すぎ！

こんな
大きさ

分布	南米中央部
生息環境	草原
食べ物	小動物、果実
くらし	むれはつくらない

長いあしが特徴のキツネのなかま。
背の高い草が多い草原でも、
チーターなみのスピードで走れる
イヌ科最速のハンターだ。

まめちしき　タテガミオオカミは、ネズミやノウサギ、アルマジロを食べる肉食動物だ。
しかし、パイナップルやトマトなども好んで食べる。

なにこれ

Babirusa
バビルサ

哺乳類 | 偶蹄目イノシシ科 | *Babyrousa babyrussa*

あぶない！ささる！

キバが大きい
オスが
メスにもてる
→

成長したキバが
頭にささる
こともあるが、
死ぬことはない

絶滅危惧度

EX
EW
CR
EN
VU
NT
LC

こんな大きさ

イノシシのなかまで、
オスは大きなキバをもつ。
中央の2本は、上あごのキバが
口の中でグルッと向きを変え、
顔のひふをつきぬけて
とび出したもの。

分布	スラウェシ島(インドネシア)
生息環境	熱帯雨林
食べ物	葉、果実
出産数	1〜2頭

まめちしき　バビルサには毛が生えていないため、寄生虫が体につきやすい。
手がとどかない背中の寄生虫をとるために、どろのなかで転がっていることが多い。

21

なにこれ

Star-nosed Mole
ホシバナモグラ

哺乳類（ほにゅうるい） ｜ 食虫目モグラ科（しょくちゅうもく か） ｜ *Condylura cristata*

こんな大きさ

鼻？それとも花！？

目はほとんど見えない

絶滅危惧度
EX
EW
CR
EN
VU
NT
LC

鼻のとっきは、全部で22本ある

分布	北米東部
生息環境	地中
食べ物	ミミズ、昆虫
出産数	5〜6頭

顔の真ん中にあるビラビラは、じつは鼻の一部。指のように動いて、真っ暗な土の中でも、えものをさがし出せるのだ。

まめちしき ふだんは地中にいるが、泳ぐのも得意。トンネルをほっていて、まちがえて池に出てしまっても、上手に泳いで自分のトンネルにもどってこられる。

Grant's Golden Mole
サバクキンモグラ

哺乳類 **食虫目キンモグラ科** | *Eremitalpa granti*

つるぴかのおまんじゅう！

目はないが、鼻と耳で、においやえものが出す音をキャッチする

モグラのなかまは、食べ続けないと死んでしまう

こんな大きさ

絶滅危惧度
EX
EW
CR
EN
VU
NT
LC

分布 アフリカ南西部
生息環境 沿岸の砂漠
食べ物 クモ、昆虫、トカゲ
出産数 1〜2頭

フサフサでおまんじゅうのようななぞの生き物。
モグラのなかまだが、砂漠にはトンネルがほれないため、泳ぐようにして砂の中を動き回る。

まめちしき　キンモグラの祖先は2500万年前から地球上にいるが、そのくらしにはなぞが多い。世界のどの動物園でも、飼育に成功した例はない。

なにこれ

Lesser Egyptian Jerboa
ヒメミユビトビネズミ

哺乳類 | 齧歯目トビネズミ科 | *Jaculus jaculus*

大きな後ろあしでとびはねて、
夜の砂漠で食べ物をさがす。
ネズミのなかまだが、
カンガルーのような形に進化し、
砂の上でもすばやく走れる。

あしが折れちゃいそう！

絶滅危惧度
EX / EW / CR / EN / VU / NT / **LC**

しっぽでバランスを
とってジグザグに走り、
敵からにげる

砂にあしが
しずまないよう、
あしのうらにも
毛が生えている

こんな大きさ

分布 北アフリカ〜中東
生息環境 砂漠
食べ物 草、果実、昆虫
巣 深さ1.2mほどの地面のあな

まめちしき　水を飲むことはなく、食べ物からとるわずかな水分だけで生きている。
暑さのきびしい昼間は地中の巣ですごし、すずしい夜になると外に出て活動する。

24

なにこれ

Naked Mole Rat
ハダカデバネズミ

哺乳類 | 齧歯目デバネズミ科 | *Heterocephalus glaber*

その名のとおり毛がほとんどなく、
長い歯が特徴のネズミのなかま。
歯でほったあなの中でくらす。
じゃまになるので、
耳たぶはない。

はだかで さむくないの？

耳

暗い巣の中では、
ひげを使って
まわりの様子を
さぐる

口に土が
入らないように、
前歯は口の外に
出ている

絶滅危惧度
EX
EW
CR
EN
VU
NT
LC

- **分布** 東アフリカ
- **生息環境** 荒れ地
- **食べ物** 植物の根
- **寿命** 約28年

こんな大きさ

まめちしき 1頭の女王と、数頭のオスやこどもをふくめた、80〜200頭のむれでくらす。アリやハチのように係があり、トンネルほり係、土運び係、食料運び係、ふとん係などがいる。

25

なにこれ

Honduran White Bat
シロヘラコウモリ

哺乳類　　翼手目ヘラコウモリ科　| *Ectophylla alba*

かじったあと

真っ白なぬいぐるみ!?

絶滅危惧度

EX
EW
CR
EN
VU
NT
LC

こんな大きさ

下から見ると、葉の色が
うつりこんで緑色に見えるので
敵に見つかりにくい

分布	中米
生息環境	熱帯雨林
食べ物	果実
出産数	1頭

かじって折り曲げた葉っぱの
下にかくれてくらす、
世界でもめずらしい白いコウモリ。
「密林の宝石」とよばれている。

まめちしき　コウモリは黒くて目立たない色をしている種が多く、体が白い種は世界に数種だけ。
白は、木の実や花に見えるので、敵に見つかりにくい。

26

なにこれ

Greater Mouse-eared Bat

オオホオヒゲコウモリ

哺乳類 | **翼手目ヒナコウモリ科** | *Myotis myotis*

むだな体力を
使わないように、
体温を気温と
同じくらいまで
下げてねむる →

なんでびしょぬれ!?

水滴

絶滅危惧度

EX
EW
CR
EN
VU
NT
LC

こんな
大きさ

体についた水滴を
← なめることもある

分布	ヨーロッパ南西部〜シリア
生息環境	どうくつ
食べ物	虫（ガ・クモなど）
寿命	約18年

冬になるとどうくつの天井に
ぶら下がって、冬眠するコウモリ。
ずっと動かないので、
空気中の水分が体についている。

まめちしき 冬眠するコウモリのなかまは、湿度の高いどうくつでねむることが多い。
しめった場所では、体から水分が出ていきにくいからだ。

27

なにこれ

Tree Pangolin
キノボリセンザンコウ

哺乳類 | 有鱗目センザンコウ科 | *Phataginus tricuspis*

哺乳類でゆいいつ、トカゲのようなウロコをもつ動物。きけんを感じるとネコのように丸くなり、顔やおなかを守る。

ウロコは体毛が変化してできたもので、先はナイフのようにするどい
↓

```
分布     アフリカ中部～西部
生息環境  熱帯雨林の樹上
食べ物   アリ、シロアリ
出産数   1頭
```

絶滅危惧度

EX

EW
CR
EN
VU
NT
LC

最強のよろい！

こんな大きさ

まめちしき　昼間は木のくぼみで休み、夜になると木から下りてきてシロアリなどの巣をこわして食べる。歯はなく、のみこんだ小石で胃の中の食べ物を細かくする。

なにこれ

Pink Fairy Armadillo
ヒメアルマジロ

哺乳類（ほにゅうるい） | 貧歯目アルマジロ科（ひんしもくアルマジロか） | *Chlamyphorus truncatus*

たけのこ!?

こうらはとてもかたく、ほかのアルマジロとはちがって、たまにはがれる
↓

← 大きなツメで地面にあなをほり、おしりでかべをかためて巣にする

絶滅危惧度　？

たけのこの皮のような
こうらをかぶった
きみょうな生き物。
これは、手のひらにのるほど
小さいアルマジロのなかまだ。

分布　アルゼンチン中央部
生息環境　かわいた地中
食べ物　アリ、昆虫の幼虫、植物など
英名の意味　ピンクの妖精

こんな大きさ

まめちしき　一生の多くの時間を地中でくらす。夜の短い時間にだけ地上に出て活動することが多いため、発見がむずかしく、標本も世界にわずかしかない。

なにこれ

Northern Elephant Seal
キタゾウアザラシ

哺乳類 食肉目アザラシ科 | *Mirounga angustirostris*

体も鼻も
ビッグなやつ!

鼻が大きいのは
おとなのオスだけ
↓

ほかのオスに
かまれても大けがに
ならないように、
首のひふは厚い
↓

絶滅危惧度
- EX
- EW
- CR
- EN
- VU
- NT
- **LC**

分布	太平洋岸(北米)
生息環境	沿岸
食べ物	イカ、タコ、魚
体重	1000〜2300kg

まめちしき 海にもぐるのが得意で、80分間で1500mまでもぐった記録がある。これはアザラシのなかまでは最高記録。

ゾウのような長い鼻をもつ、
アザラシのなかま。
たれ下がった大きな鼻は、
強いオスのあかし。
オスどうしはおたがいに
鼻をふくらませて鳴らし、
メスをめぐってはげしく戦う。

数千頭の大集合
ふだんは海でくらし、冬になると子育てのために海岸に集まる。その数は多いところでは数千頭にもなり、海岸はゾウアザラシでうめつくされる。

オスのほうが体が大きく、メスは半分もない

こんな大きさ

まめちしき アザラシはクマと共通の祖先をもつ。アシカも形がにているが、こちらはイタチと共通の祖先をもつ。祖先がちがうので、ひれの使い方などがことなる。

この本がもっと楽しくなる！ 動物のお話 ①

目のつき方で「肉食動物か草食動物か」がわかる！

ライオン

目が顔の正面についている
↓
えものまでの距離がわかる
↓
えものをつかまえやすい

[肉食動物の目のつき方]

シマウマ

目が顔の横についている
↓
見える部分が広い
↓
近づいてくる敵に気づきやすい

[草食動物の目のつき方]

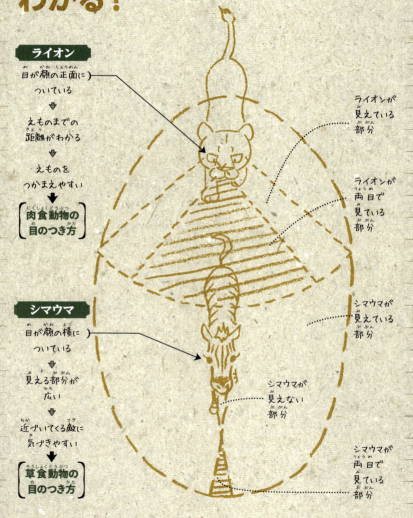

- ライオンが見えている部分
- ライオンが両目で見ている部分
- シマウマが見えている部分
- シマウマが見えない部分
- シマウマが両目で見ている部分

体を見れば、動物のことが もっとよくわかる

動物の色や形にはすべて意味がある。生きぬくために、長い時間をかけて自分たちの体をくらしに合わせて進化させてきたのだ。まずは目のつき方に注目してみよう。

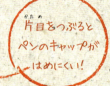
動物の体から そのくらしが わかる！

肉食動物の目は顔の正面

左右両方の目で物を見ると、物が立体的に見えるので、物までの距離が正確にわかる。肉食動物は、えものを追いかけるときや、とびかかるときなどに、えものとの距離を正確に知る必要がある。そのためには、左右両方の目でものを見なければならない。

片目をつぶると ペンのキャップが はめにくい！

つまり
肉食動物は、
両目が顔の正面についている。

草食動物の目は顔の横

目が顔の横についていると、頭を動かさなくても、前方から後方までの広い部分が見える。ねらわれることが多い草食動物は、つねにまわりを注意する必要がある。そのためには、左右の目で広い部分を見なければならない。

つまり
草食動物は、目が顔の横についている。

ちなみに
ヒトやサルは肉も植物も食べる雑食の動物なのに、目が顔の正面についているものが多い。これは、霊長類の祖先が木の上でくらしていたのと関係がある。木から木へ飛び移るときに、距離を正確にはかる必要があるためだ。

Wilson's Bird-of-paradise
アカミノフウチョウ

鳥類 スズメ目フウチョウ科 | *Cicinnurus respublica*

緑色にかがやく羽を広げてメスに見せ、気をひいている

青い部分は、はだの一部 →

本物の鳥なの？

はりがねのように見えるが、本物の羽で、やわらかい

絶滅危惧度
EX
EW
CR
EN
VU
NT
LC

まめちしき ダンスをする場所を決めると、まわりの落ち葉をくちばしでよけてそうじをする。地面がきれいになると、大きな声で鳴いて、メスをよぶ。

34

カラフルな色、
首にはえりまき、
そして尾羽は
はりがねのよう……。
おもちゃのようなこの鳥は、
世界で最も美しいと
いわれる鳥だ。

分布	ワイゲオ島、バタンタ島（インドネシア）
生息環境	熱帯雨林
食べ物	果実、昆虫、クモなど
メスの羽の色	地味なうす茶色

こんな大きさ

なかまも美しい

フウチョウのなかまのオスは、どれも美しい羽をもつ。そして、どの種もおもしろいダンスでメスの気をひき、気に入られたオスだけが交尾できる。

オオウロコフウチョウ
頭を左右にふりながら羽を広げ、胸の青い羽を見せつける

コウロコフウチョウ
羽を大きく広げ、「ザッザッ」と音を立てながらふる

まめちしき　フウチョウはその美しさから、「極楽鳥」ともよばれる。メスは卵を温めるので、敵に見つからないよう、あまり目立たない色をしている。

なにこれ

Victoria Crowned Pigeon
オウギバト

鳥類 | ハト目ハト科 | *Gouria victoria*

どう？きれいでしょ！

かざり羽は
オス、メス
どちらにも →
ある

← オスは
かざり羽を
ふり回して、
メスの気を
ひく

絶滅危惧度
- EX
- EW
- CR
- EN
- **VU** ◀
- NT
- LC

分布 インドネシア〜ニューギニア
生息環境 森林
食べ物 地面に落ちた実や種子、昆虫
産卵数 1個

頭にとても美しいかざり羽をもつ、
世界最大のハト。
多くの鳥のかざり羽は、敵に
自分を大きく見せるためにある。

まめちしき あまり飛ばずに、食べ物も地上でとる。そのためつかまりやすく、かざり羽と肉をねらった人間に捕獲され、数がへってしまった。

36

なにこれ

Amazonian Royal Flycatcher
オウギタイランチョウ

鳥類 | スズメ目タイランチョウ科 | *Onychorhynchus coronatus*

かっこいいでしょ！

絶滅危惧度
EX / EW / CR / EN / VU / NT / **LC**

オスとメスの
どちらにもあり、
オスは赤色、
メスはオレンジ色

こんな大きさ

分布　中南米
生息環境　熱帯雨林
食べ物　昆虫
産卵数　1〜3個

はでなかざり羽は、ふだんは折りたたんでいる。この鳥はメスの気をひくだけでなく、自分の気持ちを表すのにもこの羽を使う。

まめちしき　とてもめずらしい鳥で、現地でもなかなか見ることができない。
ふだんはあまり鳴かないが、ときどき「プリューオー」とくりかえし鳴くことがある。

37

なにこれ

Sage Grouse
キジオライチョウ

鳥類 | キジ目ライチョウ科 | *Centrocercus urophasianus*

胸を目立たせるために、
頭はひっこめる →

モテる男はふところが広い？

黄色く
ふくらんでいるのは、
オスだけがもつ
空気が入ったふくろ。
オスはこのふくろを
ふくらませたり
しぼませたりしながら
「ポン！ポン！」と
音を出し、
メスの気をひくのだ。

絶滅危惧度

EX
EW
CR
EN
VU
NT
LC

分布	北米中西部
生息環境	草原
食べ物	種子、葉、昆虫
特徴	長く飛べない

まめちしき メスに選ばれるためには、尾羽も大事。オスは写真のように尾羽を大きく広げて、かっこよく見せる。クジャクやキジのなかまも、尾羽を使ってメスの気をひく。

38

こんな大きさ

集団のお見合い会場

春になると数百羽のオスが草原に集まり、メスにプロポーズする。しかし、多くのメスは、むれの中心にいる最年長の強いオスのことを気に入るので、わかいオスはなかなか相手が見つからない。

↑ メス

キジオライチョウが生きていくには、食べ物だけでなく、お見合いの場所も大切。ここがなくなると絶滅してしまうので、お見合いのための広い自然を残す必要がある。

なにこれ

Great Frigatebird
オオグンカンドリ

鳥類 | ペリカン目カツオドリ科 | *Fregata minor*

大きくふくらんだ赤い風船は、
オスののどぶくろ。
頭を上げてのどぶくろを見せつけ、
空を飛ぶメスの気をひくのだ。

ぼくを見て！

絶滅危惧度
EX / EW / CR / EN / VU / NT / **LC**

メスは飛びながら
オスを選び、
気に入ったオスの
ところに下りる

まめちしき ほとんどの時間を海の上を飛んですごし、飛びながら水面にくちばしをさして、魚やイカをつかまえる。ほかの鳥をおそってえものをうばうことから、「軍艦鳥」の和名がついた。

1羽を大切に育てる

ひとつの卵を産み、オスとメスで育てる。ヒナは約5か月で飛べるようになるが、飛び始めたあとも巣に残り、16か月たつまでは親鳥に食べ物をもらいながら育つ。

オスは羽を
ふるわせながら
さえずり、
メスをよぶ

こんな大きさ

分布	太平洋〜インド洋
生息環境	外洋
食べ物	魚、イカ
寿命	25〜30年

まめちしき　羽が大きすぎて飛び立つのが苦手。強い風がふいていないと、飛び立てない。しかし、一度飛び立てば、あまり羽ばたかなくても、風に乗って楽に飛べる。

41

なにこれ

Marvellous Spatuletail
オナガラケットハチドリ

鳥類 アマツバメ目ハチドリ科 | *Loddigesia mirabilis*

ふしぎな形をした
長い尾羽が特徴的な、
めずらしい鳥。
より尾羽が長く、
ダンスのうまいオスが、
メスに選ばれる。

絶滅危惧度
EX
EW
CR
EN
VU
NT
LC

交尾の季節になると、
尾羽をメスに見せながら、
速いスピードでおどる

どうしてそんなに長いの!?

分布	ペルー北部
生息環境	森林
食べ物	花のみつ
尾の長さ	11cm（オス）

こんな大きさ

まめちしき ペルー北部の山脈にある、かぎられた場所でしか見つかっていない。生息地が破壊されたり美しい羽がねらわれたりして、大きく数をへらしていると考えられている。

なにこれ

Pygmy Leaf Chameleon
ミニマヒメカメレオン

爬虫類　有鱗目カメレオン科　| *Brookesia minima*

世界でいちばん小さい爬虫類。
おどろくことに、
これでもおとななのだ。
こどもは、おとなの
半分くらいの大きさ。

小っちゃすぎ〜！

地面に落ちた
果実のそばで
待ちぶせし、
よってきた虫を
食べる

こんな大きさ

絶滅危惧度
EX
EW
CR
EN
VU
NT
LC

分布 マダガスカル北西部
生息環境 森林の低いえだや落ち葉のあいだ
食べ物 小さい虫（ショウジョウバエなど）
とくぎ 死んだふり

まめちしき ふだんは地面にいるが、ねるときは低いえだに登る。敵が来るとえだから落ち、安全になるまでかれ葉のようにじっとしている。死んだふりをしているのだ。

43

なにこれ

Legless Lizard
ヨーロッパアシナシトカゲ

爬虫類（はちゅうるい） 有鱗目アシナシトカゲ科（ゆうりんもく） | *Ophisaurus apodus*

こんな大きさ

敵におそわれると、しっぽを切りはなしてにげる

え？ヘビじゃないの!?

絶滅危惧度
- EX
- EW
- CR
- EN
- VU
- NT
- **LC**

↑ おなかを使って動くほうが、あしを使うトカゲよりも速く進める

分布 東ヨーロッパ〜西アジア
生息環境 かわいた草地、森林、岩場、農耕地
食べ物 カタツムリ、昆虫、トカゲ、鳥の卵やヒナ
寿命 50年以上（飼育記録）

どこから見てもヘビだが、じつはトカゲのなかま。せまいすきまでくらすうちに、あしがなくなったのだ。

まめちしき アシナシトカゲを見ると、トカゲが進化してヘビになったということがよくわかる。ヘビとのちがいは、まぶたと耳のあなができること。ヘビにはどちらもない。

なにこれ

Armadillo Girdled Lizard
アルマジロトカゲ

爬虫類 | 有鱗目ヨロイトカゲ科 | *Cordylus cataphractus*

← 口でしっぽをくわえないと、丸くなれない

丸くなれば、敵の口に入りにくい

しっぽをパクリ!?

絶滅危惧度
EX
EW
CR
EN
VU
NT
LC

こんな大きさ

分布	アフリカ南西部
生息環境	かわいた草原、岩場
食べ物	昆虫（シロアリなど）
とくぎ	しっぽを切りはなしてにげる

かたくてするどいトゲで身を守るトカゲ。敵におそわれると、丸くなっておなかをかくす。

まめちしき ふだんは岩のすきまなどにすみ、トカゲではめずらしくむれをつくる。むれはふつう2～6頭ほどだが、60頭の大きなむれも見つかっている。

45

なにこれ

Satanic Leaf-tailed Gecko

エダハヘラオヤモリ

爬虫類（はちゅうるい） 有鱗目ヤモリ科（ゆうりんもくヤモリか） | *Uroplatus phantasticus*

しっぽは平たくて葉っぱの形（かたち）をしている

かくれんぼ！

頭（あたま）

あし→

こんな
大きさ（おおきさ）

絶滅危惧度（ぜつめつきぐど）

EX
EW
CR
EN
VU
NT
LC

分布（ぶんぷ） マダガスカル中東部（ちゅうとうぶ）
生息環境（せいそくかんきょう） 森林（しんりん）
食べ物（たべもの） 昆虫（こんちゅう）、クモ
とくぎ 目（め）をなめてそうじする

体（からだ）のもようが葉（は）の表面（ひょうめん）に
そっくりなヤモリ。
かれ葉（は）のあいだにいると
まったく目立（めだ）たない。

まめちしき 木（き）のえだにぶら下（さ）がって生活（せいかつ）しているが、あまり高（たか）いところへは登（のぼ）らない。
昼間（ひるま）は葉（は）っぱになりすまして休（やす）む。夜（よる）になると、えだにとまっている虫（むし）をさがして食（た）べる。

Reticulated Glass Frog
アマガエルモドキ

両生類 無尾目アマガエルモドキ科 | *Hyalinobatrachium valerioi*

なんとこのカエル、おなかがすけすけで内臓が丸見え。すけた体は、葉の色と同じになるので、敵に見つかりにくいのだ。

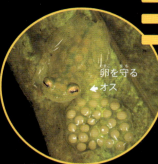

卵を守る←オス

心臓……

中身が丸見え！

赤い線は血管

絶滅危惧度
EX
EW
CR
EN
VU
NT
LC

こんな大きさ

まめちしき

分布	中米～南米北西部
生息環境	熱帯雨林
食べ物	昆虫（カ・ハエなど）
産卵数	約35個

オスは何匹かのメスに卵を産んでもらい、そばで守る。葉っぱに産みつけられた卵からかえったオタマジャクシは、小川に落ちて、水中で育つ。

47

この本がもっと楽しくなる！ 動物のお話②

「分類」は生き物を知るための「道具」！

「分類」の見かたはむずかしくない！

単細胞でできている細菌（バクテリア）や、アメーバのような微生物（原生生物）、キノコやカビのなかま（菌類）、そして植物や動物など、地球上にはさまざまな形やくらしをしている生き物がいる。それらの体の特徴を調べ、にているものを親戚どうしとしてグループに分け、私たちが覚えやすいように整理したのが「生物分類」だ。

	界	門	綱	目	科	属	種
ヒト	動物界	脊索動物門	哺乳綱	霊長目	ヒト科	ヒト属	ヒト
ニホンザル	動物界	脊索動物門	哺乳綱	霊長目	オナガザル科	マカク属	ニホンザル
カブトムシ	動物界	節足動物門	昆虫綱	甲虫目	コガネムシ科	カブトムシ属	カブトムシ

「分類」の方法はいろいろある？

国によってセンチ、インチ、尺など、長さのはかり方が変わるように、生物の分類も、時代や学者の意見で変わることがある。現代にもいろいろな分類の方法があるが、この図鑑では、これまで世界でいちばん長く使われてきた分類の方法を使っている。

「分類」がわかると、とても便利！

図鑑や動物園の解説には、目や科などの分類が書いてあることがある。分類を見れば、初めて見る動物でも、なんの生き物のなかまかがわかるのだ。またときには、見た目はにているのに、分類は全くちがう生き物にも出会えるかもしれない。

つまり 「分類」は、生き物の進化の面白さを考える「道具」として役に立つ。

分類をくらべると、意外な発見があるかも！

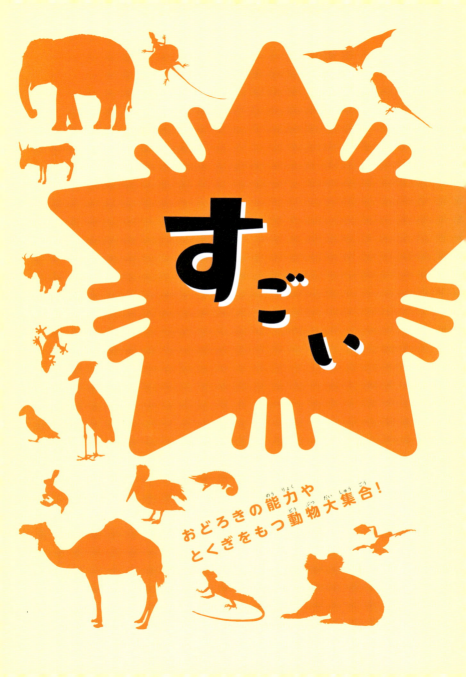

すごい ヒトコブラクダ
Dromedary

哺乳類 | 偶蹄目ラクダ科 | *Camelus dromedarius*

絶滅危惧度
- EX
- EW
- CR
- EN
- VU
- NT
- LC

砂が入らないように、鼻のあなはぴたりととじる

一度に100ℓの水を飲むことができる

砂漠なんてへっちゃら！

こんな大きさ

分布	北アフリカ、西アジア、オーストラリア
生息環境	砂漠
食べ物	植物
寿命	20年

まめちしき 砂漠はとても暑く、水や食べ物も少ないが、敵も少ない。きびしい環境だが、ラクダにとっては安全な場所なのだ。

50

水や食べ物が少なく、一面砂だらけの砂漠は、とてもきびしい環境。ラクダの体には、そんな砂漠でも生きられるひみつがあるのだ。

↑ 目や耳には長い毛があり、砂が入りにくい

↑ あし先が大きく、やわらかい砂の上でもあしがしずまない

脂肪でできたこぶを水や栄養に変えられるので、数日間飲んだり食べたりしなくてもたえられる →

↑ 胃ぶくろが4つあり、のみこんだものをしまっておける。食べる物がないときは、それを口にもどして食べる

まめちしき 野生のラクダは絶滅したと考えられており、今はすべて人に飼われている。ただし、オーストラリアのかんそう地帯には、家畜が野生化した「野良ラクダ」がいる。

すごい

Mountain Goat
シロイワヤギ

哺乳類 偶蹄目ウシ科 | *Oreamnos americanus*

岩山の岩をなめて栄養をとるために、がけに登る

赤ちゃんは生後10分で立ち上がり、2〜3日後には親といっしょに岩山を登る

絶滅危惧度
EX
EW
CR
EN
VU
NT
LC

なんでそんなところに!?

こんな大きさ

分布	北米（ロッキー山脈）
生息環境	山岳地帯
食べ物	草、木の葉
天敵	ピューマ

切り立ったがけを登るシロイワヤギのむれ。
ひづめが2つに分かれていて、
岩をしっかりつかめるので、
高い岩山でもくらせるのだ。

まめちしき シロイワヤギはヤギよりもカモシカに近いなかま。
クマなどの敵が登れない安全ながけで休み、そこで食事もとる。

Saiga Antelope
サイガ

哺乳類　偶蹄目ウシ科 | *Saiga tatarica*

分布	中央アジア
生息環境	草原
食べ物	植物
とくぎ	時速80kmで走る

鼻が大きなこの動物は、サイガというウシのなかま。この鼻のおかげで、気温が冬はマイナス20℃、夏は50℃になる環境でもくらせるのだ。

こんな大きさ

大きさにはわけがある！

絶滅危惧度

EX
EW
CR
EN
VU
NT
LC

鼻で空気の温度を調節
冬は冷たい空気で肺がこおらないように、鼻の中で空気を暖めてから肺に送る。夏は熱い空気で鼻の中の血管がはれつしないように、鼻の中で空気を冷やせるようになっている。

まめちしき　サイガのオスの寿命は5〜7年と短く、きびしい冬をのりきれずに死んでしまうことが多い。くわえて、人間による狩りで数がへり、サイガは絶滅の危機に直面している。

すごい

Asian Elephant
アジアゾウ

哺乳類（ほにゅうるい） 長鼻目ゾウ科（ちょうびもく） | *Elephas maximus*

体がとても大きくて体重も重い
ゾウだが、じつは泳げる。
水がゆたかな場所でくらし、
よく水浴びもするアジアゾウは、
ときには深い川も泳いでわたる。

絶滅危惧度
- EX
- EW
- CR
- **EN**
- VU
- NT
- LC

うそ!? しずまないの？

こんな大きさ

分布	インド〜東南アジア
生息環境	森林
食べ物	草や木の葉
寿命	約70年

まめちしき ゾウは、現在ではアジアゾウとアフリカゾウの2種のみだが、かつては160種以上いたとされている。日本にも多くの種がいて、各地で化石が見つかっている。

← 鼻を水面に出し、息をしながら泳ぐ

← 犬かきのようにあしを動かして進む

すいみんは3時間だけ

ゾウのすいみん時間は短く、安全な場所では横になってねむる。体重が重いので、横になるときはときどき寝返りをうたないと、血が通わなくなり病気になる。

水浴び大好き

とくに暑い日には体を冷やしたり、体のよごれを落としたりするために、水に入る。なかまどうしで水をかけっこして遊ぶこともある。

まめちしき　じつはゾウはつま先立ちをしていて、かかとは地面から30cmほど上にある。かかとに見える部分は脂肪でできていて、しょうげきを受け止めるクッションになっている。

55

すごい

Koala
コアラ

哺乳類 | 有袋目コアラ科 | *Phascolarctos cinereus*

おなかのふくろで
赤ちゃんを育てる
コアラ。
ユーカリの葉が
大好きだが、
じつはこの葉には毒が
あるのだ。

絶滅危惧度
EX
EW
CR
EN
VU
NT
LC

肝臓にひみつがある

ユーカリのもつ強い毒をとりのぞくために、コアラは大きな肝臓をもっている。そのため、体は小さくても、体重は8kg以上もある。ユーカリの毒をとりのぞくには時間と体力が必要で、あまり動かないため、ずっとねむっていると思われやすい。

オーストラリアは
嵐が多いので、
飛ばされないように
じょうぶなツメで
しっかりつかまる

こどもは母親のフンを
食べて、フンにいる
微生物を取りこむことで、
ユーカリの葉が食べられる
ようになる

分布 オーストラリア東部
生息環境 森林
食べ物 ユーカリの葉
漢字名 子守熊

こんな大きさ

まめちしき コアラはめったに木から下りない。20m以上の高い木の上でじっとしているので、見つけるのがむずかしい。オスの胸には、黒い大きなシミがある。

毒の葉を食べる！

まめちしき　毒があり、栄養が少ないユーカリを食べるのには理由がある。ユーカリを食べられる動物がほかにいないので、動きのおそいコアラでも食べ物をとられる心配がないのだ。

57

すごい

Giant Panda
ジャイアントパンダ

哺乳類（ほにゅうるい）　食肉目クマ科（しょくにくもく か）｜ *Ailuropoda melanoleuca*

雪深い高山（ゆきぶか こうざん）で
くらしているので、
雪の明るさから（ゆき あか）
目を守るために、（め まも）
目のまわりが（め）
黒くなっている（くろ）

絶滅危惧度（ぜつめつきぐど）

EX
EW
CR
EN
VU
NT
LC

まめちしき　ジャイアントパンダのすむ森には竹が多く（もり たけ おお）、冬もかれないので一年中（ふゆ いちねんじゅう）食べることができ（た）る。そのため、竹を主食（たけ しゅしょく）にするようになったと考えられている（かんが）。

クマのなかまの手は、5本の指が1列にならんでいて、物はつかめない。しかしパンダは手首の骨が進化し、竹をつかめるようになったのだ。

こんな大きさ

指がふえちゃった

手首には「第6の指」とよばれる出っぱりがある。このおかげで、細い竹も片手でつかめるように、なった。

どうしても食べたかった!?

長いあいだ敵がいない場所でくらしていたため、弱点のおなかを上に向けて食事をしたり休んだりする

分布	中国
生息環境	高山
食べ物	竹、笹
漢字名	大熊猫

まめちしき　パンダは、肉食動物が草食動物になろうとしている、進化のとちゅうの珍しい生き物。植物を食べるが、ツメや歯、内臓のつくりはまだ肉食動物のままだ。

オグロジャックウサギ

Black-tailed Jackrabbit

哺乳類 | ウサギ目ウサギ科 | *Lepus californicus*

すごい

大きな耳の大きな役割!

大きな耳がよく目立つウサギ。あせをかけない動物であるウサギは、この大きな耳で体温を調節しているのだ。

ジャンプ力があり、1回で最長6mとぶこともある

耳の血管に風を当てて血液を冷やすことで、体温を下げる

絶滅危惧度: LC

- **分布**: 北米南西部
- **生息環境**: 砂漠、草原
- **食べ物**: 葉、えだ
- **とくぎ**: 最高時速60kmで走る

こんな大きさ

まめちしき ウサギはほとんど鳴かないが、耳を使って相手に気持ちを伝えることがある。おこったり不安になったりしたときは耳を立て、あまえるときは耳を後ろにねかせる。

Three-banded Armadillo
ミツオビアルマジロ

哺乳類 | 貧歯目アルマジロ科 | *Tolypeutes tricintus*

ボールに変身！

アルマジロは、よろいのようなこうらをもつ。そのなかでも、完全に丸くなれるのは、このミツオビアルマジロのなかまだけなのだ。

↓頭

お
尾

丸まっていても、この毛できけんを感じとれる

こんな大きさ

絶滅危惧度
EX
EW
CR
EN
VU
NT
LC

↑こうらはとてもかたく、ジャガーなどのキバも通さない

昼間は土の中で休み、夜になると地上に出てアリを食べる

分布 中南米
生息環境 草原
食べ物 アリ、シロアリ
寿命 12〜15年

まめちしき　丸くなったあと、わざと少しだけすきまをあけておくことがある。そのすきまに敵が鼻先や指を入れたとたん、はさんでいためつけるのだ。

61

Indian Flying Fox
インドオオコウモリ

哺乳類（ほにゅうるい）　翼手目オオコウモリ科（よくしゅもく）｜ *Pteropus giganteus*

大きな木にたくさんくっついている
黒いかたまり。じつはこれ、
コウモリの巨大なむれなのだ。
どうくつで休む小型のコウモリと
ちがい、大型のコウモリは
昼のあいだは木に
ぶら下がって休む。

デカすぎ！　大きすぎ！

こんな大きさ

木の上のほうに
とまれるのは
おとなのコウモリで、→
わかいコウモリは
下のほうにとまる

絶滅危惧度
EX / EW / CR / EN / VU / NT / **LC**

- **分布**　インド周辺
- **生息環境**　森林
- **食べ物**　果実、花、花のみつ
- **英名の意味**　空飛ぶキツネ

まめちしき　コウモリは飛ぶために体重が軽くなったため、あしに筋肉がほとんどない。立つよりもぶら下がるほうが楽なので、さかさまにぶら下がるようになったと考えられている。

大きな目で見て飛ぶ

コウモリの多くは、音を出して、はね返ってきた音を聞くことで、物の位置を知る。しかし、オオコウモリのなかまは、目で見ながら飛んでいるのだ。

◀ 食べごろのフルーツを色とにおいで見分ける

まめちしき　地球上の哺乳類の約4分の1がコウモリのなかまで、その数は約1000種。どれもめずらしいものばかりで、どんなくらしをしているのかわからないものも多い

この本がもっと楽しくなる！ **動物のお話 ③**

歯の形で「肉食か草食か」がわかる！

オオカミ

つきさしてえものの息の根を止める、するどい犬歯

下あごを上下させて物をかむ

肉をかみ切る、とがった裂肉歯

↓

[肉食動物の歯]

シカ

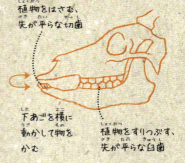

植物をはさむ、先が平らな切歯

下あごを横に動かして物をかむ

植物をすりつぶす、先が平らな臼歯

↓

[草食動物の歯]

歯の形からわかること

動物は種によって、何を食べるかがだいたい決まっている。また、動物は人間のように、ナイフやフォークなどを使えない。そのため食べる物に合った歯の形をしているのだ。

肉食動物の歯はとがっている

肉食動物は、えものにかみついたり、たおしたえものの肉を、のみこみやすい大きさにかみ切ったりする必要がある。それには、ナイフのように先がとがった歯が必要。

つまり えものの息の根を止めるためのキバ（犬歯）と、肉をかみ切るための先がとがった奥歯（裂肉歯）があるのは肉食動物。

臼歯は必要ないので小さい

草食動物の歯は平ら

草食動物は、草をはさんだり、植物のかたいせんいをすりつぶして消化しやすくしたりする必要がある。それは、植物は肉にくらべて消化しにくいため。それには、先が平らな歯が必要。

つまり 植物をかみ切るための、先が平らな歯（切歯）と、植物をすりつぶすための、平らな奥歯（臼歯）があるのは草食動物。

臼歯を支えるためにあごが長い！

ちなみに 雑食であるクマのなかまは、肉をかみ切る歯と、植物をすりつぶす歯の両方をもっている。そのため、肉も魚も植物も、なんでも食べられるようになった。

Shoebill
ハシビロコウ

鳥類 コウノトリ目ハシビロコウ科 | *Balaeniceps rex*

すごい

こんな大きさ

絶滅危惧度
EX
EW
CR
EN
VU
NT
LC

← ふだんは鳴かないが、くちばしをカタカタ鳴らしてメスをさそう

→ 日ざしを受けて熱くなったヒナに水をかけて体温を下げる

ジャバ〜っとな！

大きなくちばしが重たそうなハシビロコウ。でもこのくちばしはとっても便利。魚をつかまえたり、水を運んだりできるのだ。

分布 アフリカ中東部
生息環境 水辺
食べ物 魚、カエル、ヘビなど
英名の意味 くつのようなくちばし

まめちしき スコップのように大きなくちばしは、大きな魚をつかまえるのに役立つ。しかしとても重く、持ち上げているとつかれるため、首をちぢめてくちばしを下に向けていることが多い。

66

すごい

Atlantic Puffin
ニシツノメドリ

鳥類 | チドリ目ウミスズメ科 | *Fratercula arctica*

よくばりすぎ!?

舌に魚がひっかかるので、口を開けてもにげず、続けてつかまえられる

海にもぐって小魚をつかまえるニシツノメドリ。その口は、たくさんの魚をつかまえられるようになっているのだ。

絶滅危惧度
- EX
- EW
- CR
- EN
- **VU**
- NT
- LC

分布	北大西洋〜北極海
生息環境	海辺
食べ物	小魚
和名の由来	目のまわりのもようが角のようだから

こんな大きさ

まめちしき 魚をのみこまないのは、自分で食べるためではなく、巣にいるヒナのために運んでいるから。春になると深いあなに卵を産んで育て、オスとメスは一生同じ相手とくらす。

67

Common Potoo
ハイイロタチヨタカ

鳥類 ヨタカ目タチヨタカ科 | *Nyctibius griseus*

木にそっくりな大きな鳥がいるのだが、
どこにいるかわかるだろうか。
昼間はこんなふうにして休み、
夕方になるとえものをさがして動き出す。

絶滅危惧度

EX
EW
CR
EN
VU
NT
LC

こんな大きさ

どこにいるの？

大きな口はこのあたりまで開く

ギョロッとした目
飛び出した大きな目は、夜でも物が見える。
えものを見つけると、大きな口を開けながら
飛びかかり、空中でつかまえる。

分布	中南米
生息環境	熱帯雨林の樹上
食べ物	昆虫
鳴き声	フィーオ、フォーフォーフォー

まめちしき 飛んでいる虫しか食べず、空中でつかまえると、また元いたえだにもどってから食べる。
じっとしていられるような木がある、植物が多い森がないと、タチヨタカは生き残れない。

続 ざんねんないきもの事典

おもしろい！進化のふしぎ

今泉忠明 監修
下間文恵 フクイサチヨ ミューズワーク 絵
丸山貴史 文

ちょこっと
おためし読み

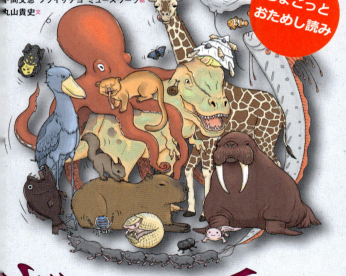

ざんねんすぎて愛おしい

高橋書店

ざんねん度 △△△△△△

カバは
うんこを道しるべにする

ざんねんポイント

思わずつっこみたくなる
100以上の愛すべき生き物たち

おれに近よるとあぶないぜ

カバは、夜になると川から出て数kmはなれた場所まで草を食べに行きます。しかし超お肌が弱く、夜明けまでにもどらないと日の光でやけどしてしまいます。そこでたよりになるのが、うんこです。

カバはうんこをするとき、たびたびしっぽを高速でふって、まきちらします。こうしてにおいを残すことで、帰り道にまよわないようにしているのです。

童話の「ヘンゼルとグレーテル」では、帰り道の目印にまいたパンくずが小鳥に食べられて帰れなくなってしまいましたが、うんこならほかの生き物に食べられる心配が少ないので安心です。

プロフィール
- **名前** カバ
- **生息地** アフリカの川や沼
- **大きさ** 体長4m
- **とくちょう** 皮ふが弱く、赤いあせのようなものを出して守っている

哺乳類

ざんねんポイント すべて1〜2ページ完結だから、いつでもどこでもサクッと読める！

リスはドングリをうめた場所をすぐにわすれる

ざんねんポイント

ざんねん度 MAX / 10段階のざんねん度メーター

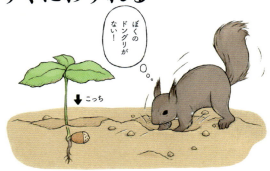

（ぼくのドングリがない！）
↓こっち

秋になると、リスはせっせとドングリをうめます。このおかげで、冬でも飢え死にすることはありません。

ワンシーズンになんと数百個ものドングリをうめますが、そのうちほり返せるのは、6割くらい。あちこちにうめまくっているため、半分近くはどこにうめたかわからなくなってしまうようです。

地中のドングリは、春になると芽を出し、やがて木になり、実をつけます。そのドングリをリスたちがまた食べるのです。わすれたドングリは、もしかすると未来のリスへの置きみやげなのかもしれませんね。

プロフィール
- **名前** キタリス
- **生息地** ユーラシア北部の森林
- ほ乳類
- **大きさ** 体長23cm
- **とくちょう** 冬になると、耳毛がボーボーになる

ざんねんポイント プロフィールデータで、生き物のことがもっとわかる

「ざんねんないきもの」とは？
一生けんめいなのに、どこかざんねんな生き物たちのことである。

地球には、すごい能力をもつ生き物がたくさんいます。でも一方で、思わず「どうしてそうなった！？」とつっこみたくなる、ざんねんな生き物も存在するのです。この本では、進化の結果、なぜかちょっとざんねんな感じになってしまった愛すべき生き物たちをご紹介します。

35 万人が笑った‼

おもしろい！進化のふしぎ
ざんねんないきもの事典

今泉忠明　監修
定価：本体 900 円（税別）
ISBN：978-4-471-10364-4

待望の第 **2** 弾発売‼

おもしろい！進化のふしぎ
続ざんねんないきもの事典

今泉忠明　監修
定価：本体 900 円（税別）
ISBN：978-4-471-10368-2

ざんねん 高橋　検索　http://www.takahashishoten.co.jp/　高橋書店

頭を上に向けて
体をのばし、
えだになりきっている

まめちしき ヨタカのなかまには夜行性のものが多く、昼間は木のえだなどでじっとしている。多くはまわりの環境にとけこむような目立たない色をしている。

Budgerigar
セキセイインコ

鳥類　オウム目インコ科 | *Melopsittacus undulatus*

日本ではペットとして人気の
セキセイインコ。
しかし野生では、空をうめつくす
ほどの数が集まって
むれでくらしているのだ。

こんな大群
見たことない！

絶滅危惧度

EX
EW
CR
EN
VU
NT
LC

こんな
大きさ

水を求めて移動し、
大雨がふってできた
水たまりには数千羽が
集まって水を飲む

分布	オーストラリア
生息環境	草原
食べ物	草の実の種子
漢字名	背黄青鸚哥

まめちしき　これほど多くのセキセイインコが集まるのには理由がある。多くのなかまといっしょにまわ
りを見ることで、食べ物や水場、敵などを早く発見できるからだ。

おとなのオスは鼻のあたりが水色

おとなのメスは鼻のあたりがピンク色

ペットのセキセイインコには青いものもいるが、野生ではほぼこの色

雨がふったら子育て開始

子育ては、雨のふる時期に合わせる。雨がふったあとは、草の実がいっせいに実るため、ヒナにあたえる食べ物にこまらないからだ。

まめちしき　鳥には、メスをさそうときに、ふだんの鳴き声とはちがう声でさえずるものもいる。セキセイインコのオスは、人の言葉やほかの鳥の声などをまねして、さえずることがある。

71

すごい ハイイロペリカン
Dalmatian Pelican

鳥類 | ペリカン目ペリカン科 | *Pelecanus crispus*

みんなで同時にもぐるなど、えものの種類によって方法を変える

絶滅危惧度
- EX
- EW
- CR
- EN
- **VU**
- NT
- LC

大きなのどぶくろが有名なペリカン。そのなかには、えものをとるすごいワザをもつ種もいる。なかまと協力して魚を追いこみ、いっきにすくいとるのだ。

まめちしき 暑い日には、ペリカンはのどぶくろをゆらゆらとゆらす。これは、のどぶくろにある血管に風を当てて血液を冷やし、体温を下げようとしているのだ。

いっせいにパッカ〜ン!

魚といっしょにふくろに入った水は、くちばしのあいだからすてて、魚だけをのみこむ

← 大きくのびる、のどのふくろで、大量の水ごと魚をすくう

こんな大きさ

分布	東ヨーロッパ〜アジア
生息環境	水辺
食べ物	魚、エビなど
特徴	世界最大のペリカン

まめちしき　水にもぐって魚をつかまえるときに体がうかないように、羽は水をすうと重くなるようになっている。魚をとり終わると、みんなで羽を広げてかわかす。

73

すごい

Leatherback
オサガメ

爬虫類 | カメ目オサガメ科 | *Dermochelys coriacea*

全長最大2.6m、体重はなんと900kg。
人間のおとな10人分より重たい、
世界最大のカメだ。

絶滅危惧度
- EX
- EW
- **CR**
- EN
- VU
- NT
- LC

産卵を終え、海にもどろうとしている

口の中はトゲだらけ

こんなに大きいのに、主食はなんとクラゲ。1日に10kgものクラゲを食べる。口の中には、のどのおくに向かってトゲが生えていて、食べたクラゲが出てこないようになっている。

まめちしき ほかのウミガメとはちがい、オサガメは冷たい海でも泳げる。体が厚い脂肪におおわれていて、熱がうばわれにくく、冷たい海でも体温を高くたもつことができるからだ。

74

重すぎ！でっかすぎ！

こうらはなく、背中は厚さが4cmもある皮でおおわれている

こんな大きさ

←時速40kmで泳ぎ、ウミガメのなかで最も速い

分布 熱帯〜亜寒帯
生息環境 外洋
食べ物 おもにクラゲ
とくぎ 1000m以上もぐれる

まめちしき　メスは、2〜3年ごとに産卵期をむかえ、砂浜にあなをほり約100個の卵を産む。産卵場所の砂が、ある温度より高いとメスが生まれ、低いとオスが生まれる。

Thorny Devil

すごい

モロクトカゲ

爬虫類　有鱗目アガマ科 | *Moloch horridus*

砂漠にすむこのトカゲは、
わずかな水でも飲むことができる、
すごいワザをもっている。

ウロコにひみつが

体をおおうウロコには、細いみぞ
がある。体のどこかに水がつけば、
水はそのみぞを通って口に集まる
ようになっている。

こんな
大きさ

首の後ろに頭そっくりのこぶがあり、
敵はそこをこうげきするため、
本当の頭は守られる。

絶滅危惧度

EX
EW
CR
EN
VU
NT
LC

水を集める
すごいワザ!

分布	オーストラリア西部
生息環境	砂漠
食べ物	アリ
産卵数	3～10個

まめちしき　アリが大好物で、長い舌を使い、目にもとまらぬ速さでどんどん食べていく。
一度に1000匹食べることもある。

ジャクソンカメレオン

Jackson's Chameleon

爬虫類 有鱗目カメレオン科 | *Chamaeleo jacksoni*

とても長い舌をもつカメレオン。えものにそっと近づき、目にもとまらぬ速さで舌を出してつかまえるのだ。

オスどうしはかみついたり、角をつき合ったりして戦う

2本の指と3本の指が向き合ってついており、えだをしっかりつかめる

絶滅危惧度

EW
CR
EN
VU
NT
LC

こんな大きさ

舌は体の2倍くらいまでのび、先っぽでえものをつかめるようになっている

いっしゅんでペロリン！

分布	東アフリカ
生息環境	森林
食べ物	小さい昆虫
出産数	10〜40頭

まめちしき 体の色は、まわりの色に合わせて変化するが、気分によっても変わる。なわばり争いに勝つとあざやかな色になり、負けると暗いしずんだ色になる。

77

Green Basilisk
グリーンバシリスク

爬虫類 　有鱗目イグアナ科 ｜ *Basiliscus plumifrons*

こんな大きさ

絶滅危惧度
- EX
- EW
- CR
- EN
- VU
- NT
- **LC**

長いしっぽでバランスをとることで、走る方向を変えられる

長い指をもつ後ろあしを高速で動かすことで、しずまずに走れる

忍法! 水走り!

分布	中米
生息環境	熱帯雨林の水辺
食べ物	昆虫、爬虫類、果実など
寿命	7～8年(飼育記録)

ふだんは木の上でくらすこのトカゲは、敵におそわれそうになると、なんと水の上を走ってにげることもできるのだ。

まめちしき 下に水があり、すぐに飛びこめるような木の上で休んでいることが多い。また、オスの頭には大きなトサカ、背中にはヒレがあり、ケンカやメスの気をひくときに広げて見せる。

Blandford's Flying Lizard
ブランフォードトビトカゲ

爬虫類 **有鱗目アガマ科** | *Draco blanfordii*

すごい

最長20mほど飛べる

こんな大きさ

長い肋骨についた皮がまくになって風を受ける

絶滅危惧度
EX
EW
CR
EN
VU
NT
LC

空の近道を行く!

分布 東南アジア
生息環境 熱帯雨林の樹上
食べ物 アリなどの昆虫
尾の長さ 25cm

おどろくことに、このトカゲは空を飛ぶ。歩きにくいジャングルでは、木から木に飛び移ったほうが、速く移動できるのだ。

まめちしき ふだんは肋骨を折りたたんで皮をしまい、木の上で生活している。地上に下りることはほとんどないが、メスは産卵のときだけ地上に下り、地中に卵を産む。

79

Giant Leaf-tailed Gecko
マダガスカルヘラオヤモリ

爬虫類 有鱗目ヤモリ科 | *Uroplatus fimbriatus*

すごい

ヘラオヤモリのなかまは、かくれるためのすごいワザをもっている（P.46）。このヘラオヤモリは、自分の体の色を、まわりの景色とまったく同じ色に変えられるのだ。

かくれんぼの天才！

絶滅危惧度
- EX
- EW
- CR
- EN
- VU
- NT
- **LC**

こんな大きさ

敵に見つかると、しっぽを持ち上げ、真っ赤な舌を見せていかくする

体の色の明るさやもようを、すぐに変えることができる

分布	マダガスカル東部
生息環境	熱帯雨林の樹上
食べ物	昆虫、クモ
活動	夜行性

まめちしき 夜にがやクモをさがして食べる。大きな目は、人間の350倍の量の光を集められる。また、自分のしっぽを切りはなしてにげることもできるが、新しいしっぽは生えてこない。

ワラストビガエル

Wallace's Flying Frog

両生類 | 無尾目アオガエル科 | *Rhacophorus nigropalmatus*

すごい

便利なパラシュート！

着地のときは、指の吸盤を使って木から落ちないようにしている

こんな大きさ

絶滅危惧度
- EX
- EW
- CR
- EN
- VU
- NT
- **LC**

分布 東南アジア
生息環境 熱帯雨林の樹上
食べ物 昆虫
とべる距離 最大15m

木の上でくらし、ヘビなどの天敵におそわれそうになると、大きな水かきを広げて風を受け、高いえだから低いえだへとんでにげる。

まめちしき 日本のモリアオガエルと同じなかまで、水のない木の上で産卵する。オタマジャクシは泡に守られた卵からかえり、木の下にある池に落ちてカエルになる。

81

<small>この本がもっと楽しくなる！</small> **動物のお話④**

動物にはグループごとに特徴がある！

動物たちはちがうようで、にている？

動物たちは、長い時間をかけて進化し、さまざまな種類の動物に分かれていった。進化の仕方が近いものどうしをくらべると、その動物の特徴とくらしがわかってくる。

＜魚類＞

大昔の海に背骨をもつ動物としてあらわれ、今では海だけでなく川にもすんでいる。水の中の酸素をエラから取りこんで呼吸をし、一生を水中でくらす。

＜両生類＞

魚類から進化して、陸で生活できるようになったグループ。乾燥した所が苦手なので、ひふがしめっていて、魚と同じように水中に卵を産む。

＜爬虫類＞

両生類から進化して、全身にウロコをもち、乾燥した場所にも行けるようになったグループ。卵にはカラがあり、地上にも卵を産めるようになった。

＜鳥類＞

爬虫類から進化して、全身に羽毛をもつようになったグループ。体温をつねに高くして活発に動き、飛ぶことができる。

＜哺乳類＞

爬虫類から進化して、全身に毛をもつようになったグループ。卵ではなく、親と同じ形の赤ちゃんを産む。母乳で赤ちゃんを育て、親子のきずながある。

動物の種数くらべ

これが、グループごとの特徴の基本！

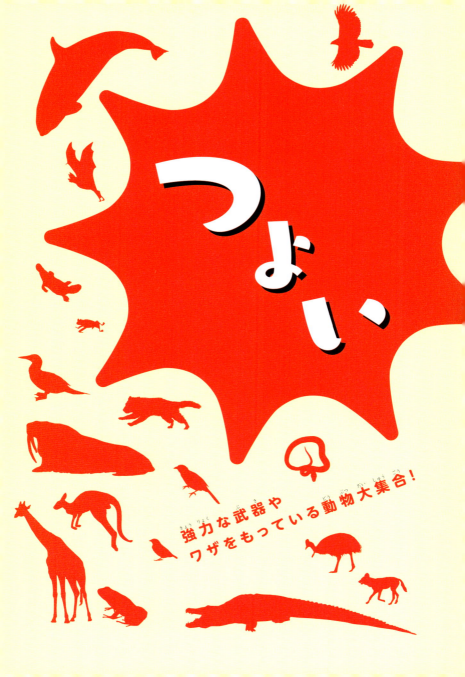

つよい

Cheetah
チーター

哺乳類　食肉目ネコ科　| *Acinonyx jubatus*

だれもにげられない！

ひみつ①
目の下に黒い線が
あるおかげで、
まぶしい場所でも
目がくらまない

ひみつ②
長いあしと
強い筋肉を使い、
1歩で7mも走れる

絶滅危惧度
- EX
- CR
- CR
- EW
- **VU**
- NT
- LC

こんな大きさ

分布	アフリカ〜中東
生息環境	サバンナ
出産数	2〜4頭
最高速度	時速120km

まめちしき ライオンの狩りが成功するのは、10回のうち2回ほど。しかしチーターは、10回のうち4〜5回は成功する。ネコ科のなかでは成功率が高く、狩りの名人なのだ。

チーターは陸上で最も速く走れる動物だが、
すごいのは速さだけではない。
狩りもとてもうまく、チーターの体には、
狩りのためのひみつがたくさんあるのだ。

ひみつ⑤
長い尾でバランスをとるので、
時速100km以上で走っても
転ばない

ひみつ③
バネのように
しなやかな背骨

ひみつ⑥
ツメが引っこまない
あし

ひみつ④
むだな肉のない
ほっそりとした体

スパイクつきのあし
ネコ科のなかではゆいいつ、
チーターのツメは引っこまない。
このツメで地面をしっかりけるの
で、とても速く走れる。

まめちしき　走るのが得意だが、えものを運んだり、木の上にかくしたりするための筋肉はない。
そのため、ほかの肉食動物にえものを横取りされてしまうことが多い。

85

African Wild Dog
リカオン

哺乳類 食肉目イヌ科 | *Lycaon pictus*

こんな大きさ

リカオンは、すべての肉食動物のなかで、
狩りの成功率が最も高い。
そのひみつは、
チームワークとスタミナにある。

家族を中心とした、約20頭のむれでくらす

絶滅危惧度
EX
EW
CR
EN
VU
NT
LC

- **分布** アフリカ中央〜南部
- **生息環境** サバンナ
- **食べ物** インパラやヌーなどの哺乳類
- **特徴** イヌ科の中で最も長い距離を走る

まめちしき 同じイヌ科のオオカミよりもスタミナがあり、時速60kmの速さで30分以上走り続けることができる。そのため、あしの速い動物も、リカオンからはにげきるのはむずかしい。

↑ 集団でえものをとり囲み、自分たちよりも大きな動物をしとめる

地上最強のハンター集団!

まめちしき むれのきずなは強く、それは狩りのときだけではなく、子育てのときにも表れる。親だけではなく、先に生まれた兄弟や、むれのみんなも子育てを手伝うのだ。

つよい

Fisherman Bat
ウオクイコウモリ

哺乳類 | **翼手目ウオクイコウモリ科** | *Noctilio leporinus*

空からしのびよるハンター!

絶滅危惧度
- EX
- EW
- CR
- EN
- VU
- NT
- **LC**

口の中に、ハムスターのようなほおぶくろがあり、とった魚をしまっておける

あしを水につけながら、水面近くを飛び、するどいかぎづめに魚を引っかける

こんな大きさ

分布	中南米
生息環境	海辺や川
食べ物	魚
出産数	1頭

水にすむ生き物を食べるこのコウモリは、なんと飛びながら水中の魚をつかまえるワザをもっているのだ。

まめちしき 超音波を使ってえものをさがすコウモリは、暗やみで何かにぶつかりそうになっても、よけられる。また、魚が立てる小さな波の動きも、感じとることができる。

88

つよい

Vampire Bat

チスイコウモリ

哺乳類 | **翼手目チスイコウモリ科** | *Desmodus rotundus*

吸血鬼のモデルになった
コウモリがいる。
それは、ウシやウマなどの
家畜の血をなめて生きる、
このチスイコウモリである。

吸血鬼!?

絶滅危惧度

EX
EW
CR
EN
VU
NT
LC

カミソリのような歯で
かみつくので、
かまれた動物は
いたみを感じず、
気がつかない

こんな
大きさ

分布	中南米
生息環境	熱帯雨林
出産数	1頭
とくぎ	ジャンプして移動できる

コウモリのつばに
血がかたまらない
成分が入っている
ので、20分くらい
なめ続けられる

まめちしき 食べ物が足りないときには、自分が飲んできた血をなかまのコウモリにはきもどしてあたえる。血を分けてもらったコウモリも、分けてくれたコウモリにお返しをすることがある。

タスマニアデビル

つよい

Tasmanian Devil

哺乳類 | 有袋目フクロネコ科 | *Sarcophilus harrisii*

こんな大きさ

小さなクマのようなすがたをしているが、
カンガルーやコアラと同じなかま。
大きなあごとするどい歯をもち、
えものをおそう。

キバは、折れても
またのびてくる……

小っちゃな悪魔！

絶滅危惧度
EX
EW
CR
EN
VU
NT
LC

分布 タスマニア島（オーストラリア）
生息環境 森林
食べ物 動物の死がい、小動物
鳴き声 ギャーギャー

まめちしき　オーストラリアには、20世紀まではフクロオオカミなどの、大型の肉食有袋類がいた。しかし現在地球上に残る肉食有袋類のなかでは、タスマニアデビルが最も大きい。

「デビル」の由来

しわがれた鳴き声や真っ黒なすがた、夜に動き回るくらしや、死肉を食べることなどから、デビル（悪魔）の名がついた。

まめちしき　肉食動物が少ないオーストラリアでは、死肉食のタスマニアデビルは森をそうじしてくれる大切な動物。こどもを30頭ほど産むが、乳首が4つなので4頭までしか育たない。

つよい

Platypus
カモノハシ

哺乳類 | 単乳目カモノハシ科 | *Ornithorhynchus anatinus*

こんな大きさ

大きなくちばしをもつ、
変わった哺乳類。
おとなしそうだが、
イヌを殺せるほどの、
毒をもっている。

絶滅危惧度

EX
EW
CR
EN
VU
NT
LC

水中では、目も
耳も鼻もとじる →

くちばしはゴムの
ようにやわらかい
→

水中で生き物が動いた
ときに出るわずかな
電流をくちばしで感じとり、
かくれたえものもさがし出す

分布	オーストラリア東部、タスマニア島
生息環境	川、湖
食べ物	エビや貝、ミミズなど
産卵数	2個

まめちしき 哺乳類なのに卵を産み、母乳で育てるめずらしい動物。発見された1798年当時は、

毒をもつ なぞの生き物!

ツメをさして 毒を注入

オスの後ろあしのツメには、毒がある。毒ヘビと同じように、ツメをさした部分から、毒を注入する。身を守るときや、オスどうしで戦うときなどに使う。

まめちしき しっぽはビーバーのように平たいヒレの形。水中でも陸でもすばしっこく動く。法律で輸出が禁止されているため、生きたカモノハシはオーストラリアでしか見られない。

つよい

Giraffe
キリン

哺乳類 | 偶蹄目キリン科 | *Giraffa camelopardalis*

おとなしそうに
見えるキリンだが、
じつはとても強い。
長いあしや首を使って、
はげしいケンカを
するのだ。

キックでハイエナのむれを追いはらったり、ライオンをけりたおしたりすることもある

絶滅危惧度

EX
EW
CR
EN
VU
NT
LC

長いあしで強烈な一発！

↑ キタローデシアキリン

まめちしき キリンの心臓や血管のつくりには、特別な仕組みがある。大きな体のすみまで血をめぐらせたり、反対に1か所に血がたまったりしないようになっているのだ。

分布	アフリカ中央～南部
生息環境	サバンナ
食べ物	背の高い木の葉
舌の長さ	45cm

長い首も武器になる

キリンは世界で最も背が高い動物で、その長い首を戦いにも利用する。首をふり回して、相手の体に角をぶつけてこうげきするのだ。

こんな大きさ

↑マサイキリン

まめちしき　ウシのなかまであるキリンには胃が4つあり、しっかり消化と吸収ができるので、フンが少ない。また、葉から水分をとれるので、あまり水を飲む必要もない。

95

アカカンガルー

Red Kangaroo

つよい

哺乳類 | 有袋目カンガルー科 | *Macropus rufus*

ピョンピョンはねるすがたが特徴的なカンガルー。そのあしは、なわばり争いのときには武器にもなる。

キックボクシング！

絶滅危惧度
EX
EW
CR
EN
VU
NT
LC

↑ はげしく争っても、相手を殺すことはない

大きく重たい → しっぽで体をささえる

分布 オーストラリア
生息環境 草原
食べ物 草
出産数 1頭

こんな大きさ

まめちしき 暑い日中はほとんど動かず、すずしくなると草を食べに動き出す。あせをかけないので、体が熱くなると、前あしにつばをつけて体温を下げる。

つよい

Walrus

セイウチ

哺乳類 食肉目（鰭脚目）セイウチ科 ｜ *Odobenus rosmarus*

巨大で長いキバを
もつセイウチ。
しかし、セイウチの
最大の武器は、
分厚いひふ
なのだ。

ひふが厚く、
ホッキョクグマの
ツメや歯も、
おなかの中までは →
とどかない

すう力が強く、
貝の肉をはが
して食べるこ
とができる
↓

岩のようなはだ！

絶滅危惧度

？

分布	北極圏
生息環境	氷上、海岸
食べ物	貝、イカ、タコ
漢字名	海象

こんな大きさ

まめちしき 大きなキバは、貝をほりおこしたり、氷や岩にさして体を引き上げたりするのに使う。
敵やライバルと戦うときにはあまり使わない。キバが大きいオスほど、メスに人気。

97

Leopard Seal
ヒョウアザラシ

つよい

哺乳類 食肉目(鰭脚目)アザラシ科 | *Hydrurga leptonyx*

大きくさけた口と、するどいキバで、
ペンギンをつかまえる。
海の王者シャチもめったにおそわないほど
おそれられている、最強のアザラシだ。

ぜったいにがさない！

絶滅危惧度: EX / EW / CR / EN / VU / NT / **LC**

陸にいるペンギンも、追いかけておそうことがある

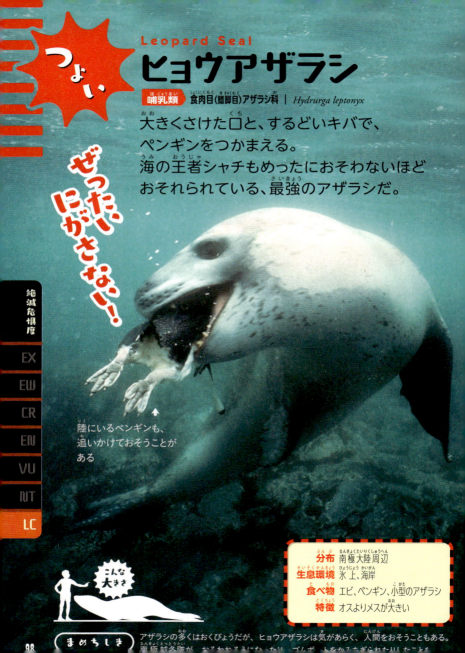

こんな大きさ

分布	南極大陸周辺
生息環境	氷上、海岸
食べ物	エビ、ペンギン、小型のアザラシ
特徴	オスよりメスが大きい

まめちしき アザラシの多くはおくびょうだが、ヒョウアザラシは気があらく、人間をおそうこともある。

つよい

Killer Whale
シャチ

哺乳類 | クジラ目マイルカ科 | *Orcinus orca*

陸でも油断できない！

← 時速50kmで波にのっておそいかかる

アシカのなかまのオタリア →

絶滅危惧度 ?

シャチは無敵の海の王者。
いろいろな方法で狩りをするが、
なかには陸の生き物をおそうものもいる。

分布	世界中
生息環境	外洋
食べ物	ペンギンやクジラなど
特徴	知能が高い

こんな大きさ

まめちしき 知能が高く、もっている多くの狩りのワザとアイデアを、親から子に伝える。
この、大きな体を波にかくしてオタリアをおそう狩りの方法は、南米だけで見られる。

99

この本がもっと楽しくなる！ 動物のお話 ⑤

目の大きさで「おもな活動時間」がわかる！

ミミズク

頭の大きさに対して目が大きい
↓
少ない光でも物が見える
↓
[夜に活動する]

ハト

頭の大きさに対して目は大きくない
↓
適度な光を取り入れる
↓
[昼に活動する]

瞳孔の大きさは変わる

昼

小さくなる

夜

大きくなる

目の大きさからわかること

動物は、目の真ん中にあるあな(瞳孔)から入った光で物を見ている。だから、夕方暗くなってくると物が見えにくくなり、月が出ていない真っ暗な夜には物が見えなくなる。しかしなかには、活動する時間帯に合わせて、目の大きさを進化させた動物がいる。

光がないと物が見えない!

夜行性の動物の目は大きい

夜行性の動物は、昼間は草むらや木の上などの安全な場所でねむっていて、暗くなると食べ物をさがしに出かける。そのため、暗くてもなるべく多くの光を取り入れられる大きな目をもっていなければならない。

つまり 頭の大きさに対して目が大きいものは夜行性が多い。

昼行性の動物の目は適度な大きさ

昼行性の動物は、夜はどこか安全な場所でねむっていて、明るくなると動き出し、食べ物をさがしに出かける。そのため、適度に光を取り入れる目があれば問題ない。

つまり 頭の大きさに対して目がそれほど大きくないものは昼行性が多い。

ちなみに 目が大きいフクロウは、昼間になると、まぶしくないように瞳孔が小さくなる。また、夜行性の動物の目のおくには、光を反射させる特別な仕組み(タペタム)がある。だから、目が光って見える。

ヒトの目も明るさによって瞳孔の大きさが変わる

101

つよい

Blue-footed Booby
アオアシカツオドリ

鳥類 ペリカン目カツオドリ科 | *Sula nebouxii*

アオアシカツオドリは、魚が大好物。
上空から海面めがけて、
時速100kmでいきおいよく
つっこむので、魚は気がつく前に
つかまってしまう。

分布 中南米
生息環境 海辺
食べ物 魚、イカ
産卵数 2個

絶滅危惧度
EX
EW
CR
EN
VU
NT
LC

命がけのダイビング！

羽をたたんで、
ミサイルのような形
になる
↓

こんな大きさ

まめちしき　時速100km以上の速さで海につっこむのは、とてもきけん。カツオドリの頭の骨は、
ほかの鳥よりもしょうげきに強くなっているが、首の骨を折って死んでしまうこともある。

102

気が合った相手に小えだをわたすが、巣はつくらない

あしを見せてダンス
オスは、鳴きながら青いあしを動かすダンスでメスをさそう。メスはそのダンスが気に入ると、結婚する。

羽の色よりも、あしの色が美しく進化した

まめちしき　卵を2個産むが、先にかえったヒナは大きくなると、あとから生まれたヒナを殺してしまう。きびしい野生の世界では、強いものが生き残るのがルールなのだ。

つよい

Crowned Hawk Eagle

カンムリクマタカ

鳥類 タカ目タカ科 | *Stephanoaetus coronatus*

好物は……サル!?

こんな大きさ

絶滅危惧度

EX
EW
CR
EN
VU
NT
LC

カンムリクマタカは、
体が大きいのに、
羽は短い。
そのため、森の中でも
えだにぶつからずに、
戦闘機のように
高速で飛べる。

▸ にぎる力が強いので、
えものはツメではなく、
にぎって息の根を
止める

◂ つかまえたサル

分布 アフリカ中央〜南部
生息環境 熱帯雨林
食べ物 鳥、小動物、サル
特徴 オスとメスのペアで狩りをする

まめちしき 入りくんだ森の中でも高速で飛ぶことができるので、
木の上ににげたサルもすぐにつかまってしまう。

104

つよい

Southern Cassowary

ヒクイドリ

鳥類 | ダチョウ目ヒクイドリ科 | *Casuarius casuarius*

羽毛がない首は、青いひふがむき出し

速く走るために体が重くなったので、羽は使わなくなり、退化した

世界一キケンな鳥!?

速く走るためのツメは、太くてかたいため、けられると大けがをする

こんな大きさ

絶滅危惧度
- EX
- EW
- CR
- EN
- **VU**
- NT
- LC

ヒクイドリは太いあしで強烈なキックをくり出す。とにかく気があらく、もっともキケンな鳥といわれている。

分布	オーストラリア北部〜ニューギニア島周辺
生息環境	熱帯雨林
漢字名	火食い鳥
とくぎ	時速50kmで走れる

まめちしき ヒナは茶色に白いしまもようで、親鳥とはまったくちがう。さまざまな果実を食べるヒクイドリが出すフンには、多くの植物の種が入っていて、森が育つ手助けになっている。

105

ズグロモリモズ

Hooded Pitohui

鳥類 | スズメ目モズヒタキ科 | *Pitohui dichrous*

羽やひふに毒がある →

絶滅危惧度
EX / EW / CR / EN / VU / NT / **LC**

← オレンジ色と黒色の目立つ色で、毒があることを知らせている

伝説の毒鳥！

分布 ニューギニア島
生息環境 熱帯雨林
食べ物 種子、昆虫
漢字名 頭黒森百舌

こんな大きさ

ズグロモリモズは、なんともめずらしい毒をもつ鳥だ。その強力な毒で、天敵から身を守っている。

まめちしき 毒は神経に害をあたえるもので、その強さはすべての生き物のなかでも上位に入るほど。体内で毒をつくれないため、毒のある虫を食べて毒をためていると考えられている。

つよい

Vampire Finch
ハシボソガラパゴスフィンチ

鳥類 | スズメ目フウキンチョウ科 | *Geospiza difficilis septentrionalis*

注目すべきは白い鳥ではなく、その背中にいる小さな黒い鳥。ガラパゴス諸島にすむこの鳥のなかまには、ほかの鳥の血を飲んで生きているものがいるのだ。

→ナスカカツオドリ

こっそりいただきます！

←背中に近づいて、細いくちばしでつつき、出てきた血を飲む

絶滅危惧度
EX / EW / CR / EN / VU / NT / **LC**

分布	ガラパゴス諸島
生息環境	林
食べ物	海鳥の血や卵、昆虫
特徴	くちばしがするどい

こんな大きさ

まめちしき ガラパゴス諸島では、同じ鳥でも島ごとにくちばしの形がちがう。ふつうは昆虫や花を食べるこの鳥も、ある島にすむものだけが、くちばしが血を飲みやすい形に進化した。

つよい アフリカニシキヘビ

African Rock Python

爬虫類 有鱗目ニシキヘビ科 | *Python sebae*

アフリカニシキヘビは毒をもたず、強い筋肉でえものをしめ殺す。ワニやヒョウ、ときには人間までも食べてしまう。

こんな大きさ

絶滅危惧度
EX
EW
CR
EN
VU
NT
LC

まきつかれたらにげられない

えものにまきつき、えものが息をはいて体がちぢんだときに、少しずつしめつけていく。最後は呼吸ができなくなり、えものは死んでしまう。

しずかにしめ殺す！

▲ 気づかれないように、ゆっくりしのびより、いっきにまきつく

まめちしき あごの骨は、ふだんは折りたたまれていて、とても大きく開く。肋骨も大きく広がり、ひふものびちぢみする。大きい動物を食べると数か月は何も食べなくても生きられる。

えものは丸のみ
あごの骨をずらして、口をとても大きく開けられる。どんなに大きなえものも、丸のみにしてしまう。

分布	アフリカ
生息環境	熱帯雨林
食べ物	小動物～中型草食動物
特徴	アフリカ最大のヘビ

まめちしき　ヘビの祖先には4本のあしがあり、今のトカゲのようなすがたをしていた。ニシキヘビのなかまのおなかのあたりには、後ろあしのあとがツメのような形になって残っている。

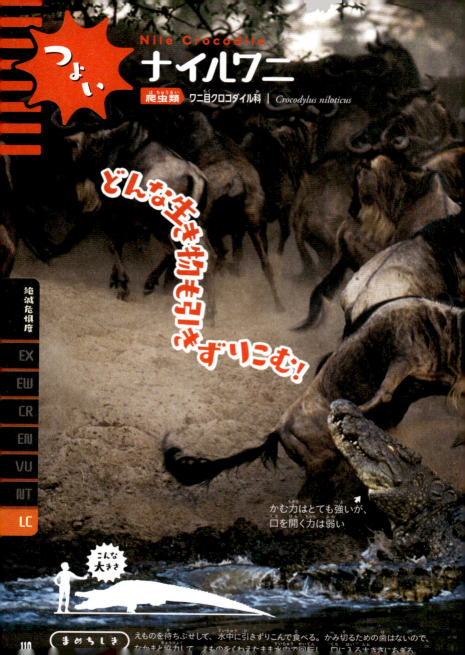

つよい

Nile Crocodile
ナイルワニ

爬虫類 | ワニ目クロコダイル科 | *Crocodylus niloticus*

どんな生きものも引きずりこむ！

絶滅危惧度
- EX
- EW
- CR
- EN
- VU
- NT
- **LC**

かむ力はとても強いが、口を開く力は弱い

こんな大きさ

まめちしき　えものを待ちぶせして、水中に引きずりこんで食べる。かみ切るための歯はないので、なかまと協力して、えものをくわえたまま水中で回転し、口に入る大きさにちぎる。

川をわたるところを
おそわれた
オグロヌーのむれ
→

ナイルワニは気があらく、
ありとあらゆる動物に
おそいかかる。
ときには人間も
おそうことがあり、
アフリカで最も
おそれられているワニだ。

こどもにはやさしい

きょうぼうなワニにも、やさしい
一面がある。こどもが生まれる
ときに卵を割って助けたり、こ
どもを口の中に入れて水辺へ運
んだりするのだ。

分布	アフリカ
生息環境	川、湖
食べ物	魚、哺乳類
体重	約225kg

まめちしき　爬虫類は、ふ化したときの温度で性別が決まる。ナイルワニは、気温が32〜33℃の
ときにオスが生まれ、それより高いか低いかすると、メスが生まれることが多い。

つよい

コモドオオトカゲ
Komodo Dragon

爬虫類　有鱗目オオトカゲ科 | *Varanus komodoensis*

毒をもつドラゴン！

歯のあいだから毒を出す →

イノシシなどの大きな動物にもおそいかかる巨大なトカゲ。たとえにげられても、血のにおいをたよりに、いつまでも追い続ける。

絶滅危惧度
EX
EW
CR
EN
VU
NT
LC

こんな大きさ

毒でえものを追いつめる
えものにかみつき、血がかたまらなくなる効果がある毒を注入する。かまれたえものは、血が止まらなくなり、弱って動けなくなってしまう。

分布 インドネシア
生息環境 林
食べ物 哺乳類、鳥類、爬虫類、動物の死がい
特徴 世界最大のトカゲ

まめちしき　みさかいなくえものをおそい、なかまのこどもまで食べてしまう。ふ化したこどもは、ほかのコモドオオトカゲに食べられないように、木の上で生活する。

つよい

Golden Poison Dart Frog
モウドクフキヤガエル

両生類 | 無尾目ヤドクガエル科 | *Phyllobates terribilis*

このカエルの体の表面には毒がある。その毒の強さは、脊椎動物のなかでもトップクラスだ。

世界一強力な毒⁉

あざやかな黄色い体で、毒があることを知らせている ➡

絶滅危惧度
EX
EW
CR
EN
VU
NT
LC

毒のある植物を食べているアリを食べることで、体に毒をためている

分布　コロンビア
生息環境　熱帯雨林
食べ物　小さい虫
漢字名　猛毒吹矢蛙

こんな大きさ

まめちしき　コロンビアの先住民族が、このカエルの毒をふき矢にぬって狩りをしたことから、この名前がついた。この毒を使った、強力ないたみどめの薬をつくる研究もされている。

113

この本がもっと楽しくなる！ **動物のお話⑥**

「学名」は
とても便利なアイテム！

「学名」って何？

動物の名前は、時代や場所によって変わることがある。たとえば、日本でも同じ動物のことを「タヌキ」と言ったり、「ムジナ」と言ったりする。これでは、同じ動物のことをさしているということがわかりづらい。そこで考えられたのが『学名』だ。すべての生物それぞれに、ひとつの学名がつけられており、これが世界共通の正式な名前となっている。

学名のルール

学名は、ラテン語という古い言語で書く。私たちの「苗字」と「名前」のように、分類の「属」と「種」を組み合わせてつけられており、これまでは新種を見つけた人が、学名をつけることができた。また、発音はローマ字読みなので、アルファベットがわかれば読むことができる。

学名はとっても便利！

学者が研究を発表するときには、動物の名前は学名で書く。なぜなら、いろいろな国の学者がそれぞれの国の言葉でその動物の名前を書いてしまうと、どの動物のことを指しているかがわかりにくくなってしまうからだ。また、学名は分類をもとにつけられるので、学名がにた生き物どうしは、食べ物やくらしが近いことが予想できる。

学名がにている生き物

ライオン：*Panthera leo*

ヒョウ：*Panthera pardus*

トラ：*Panthera tigris*

カバの学名の意味

属名	種小名
Hippopotamus	*amphibious*
↓	↓
川の馬	二重の生活をする

学名は、動物の特徴を表している！

114

なぜなに？

ふしぎな行動をしたり
ふしぎな体のつくりを
していたりする動物大集合！

なぜなに

Hippopotamus

カバ

哺乳類 　偶蹄目カバ科 | *Hippopotamus amphibius*

口のなかにヒダがあり、食べた物が落ちないようになっている →

あごがはずれそう！

絶滅危惧度

EX
EW
CR
EN
VU
NT
LC

？ キバはなんのためにあるの？

カバは草を食べるのに、どうして肉食動物のようにりっぱなキバがあるのだろう？

分布	アフリカ中央〜南部
生息環境	川、湖、沼
寿命	40〜45年
とくぎ	時速30kmで走る

まめちしき 夜になると、草を食べに出かける。数km先のエサ場まで、いつもだいたい同じ道を通る。ライオンやハイエナなどの天敵から身を守るため、むれで行動する。

❗強さのあかし!

オスどうしはキバの大きさで、強さを決めている。口を大きく開けて、キバの大きさくらべをするのだ。

赤いあせをかく

昼間は、天敵が近づけない水中で休む。水中で生活するため、ひふはやわらかく、日差しに弱い。そのため、「血のあせ」ともよばれる赤いしるを出して、ひふを守っている。

フンをするときは、しっぽをふり回して、まわりにフンをまきちらす

こんな大きさ

まめちしき よく水中でフンをする。水中でフンをするときも、しっぽをふってフンをまきちらす。フンで水をにごらせ、大きい体をかくすために行っていると考えられている。

117

なぜなに？

Lion
ライオン

哺乳類 | 食肉目ネコ科 | *Panthera leo*

さぼっているわけじゃない！

? なんでごろごろしているの?

百獣の王ともいわれるライオンが、昼間から木かげでねそべっている。具合でも悪いのかな?

絶滅危惧度
- EX
- EW
- CR
- EN
- **VU**
- NT
- LC

むれのリーダー →

こんな大きさ

まめちしき ネコ科でゆいいつむれをつくってくらす動物。むれで協力して狩りをすれば、1頭で狩りをするよりも、成功しやすい。しかし、1頭あたりが食べられる量は少なくなってしまう。

❗夜の狩りのため!

体が大きく、むれで行動するライオンは、昼間に行動するとえものに見つかりやすいので、夜に狩りをするほうが得意。昼間は体力をためておくために、だいたいねているのだ。

狩りはメスの仕事

メスは運動能力が高く、なかまのメスと協力してえものをとらえる。メスがとらえたえものは、むれを守っているリーダーのオスから食べ始める。

むれは、リーダーのおとなのオス1頭と、おとなのメスとそのこどもたちが中心

分布	アフリカ中央～南部、インド西部
生息環境	草原、森林
食べ物	大型草食動物
寿命	15年

まめちしき　オスはむれを守るのが仕事。オスの体は、パワーはあるが、速いえものをつかまえるのには向いていない。たてがみは、オスどうしの戦いで弱点の首を守るためにある。

なぜなに

Gerenuk
ゲレヌク

哺乳類 **偶蹄目ウシ科** | *Litocranius walleri*

❓ なんで立ち上がっているの?
ゲレヌクは、よくこうして
立ち上がっている。
たいへんそうだけど、
なんでだろう?

❗ 高いところの葉っぱを食べるため!
食べ物が少ない季節は、
高いえだにしか
葉が残っていない。
その葉を食べるために、
後ろあしで立ち上がるように
なったのだ。

いつのまにかとどいてた!?

絶滅危惧度
- EX
- EW
- CR
- EN
- VU
- **NT**
- LC

分布 アフリカ東部
生息環境 草原
食べ物 低木の葉や草
名前の意味 キリンの首

こんな大きさ

まめちしき 別名ジェレヌク。水は飲まず、食べた物からとれる水分だけで生きられる。かんそうした場所でも、植物さえあれば生きられ、水を求めて移動する必要もないのだ。

オスだけにある角は、葉を食べるのにじゃまにならない大きさと形をしている

鼻先が細く、口が小さいため、葉を上手に食べられる

長い首は、高い場所の葉を食べられるし、敵も早く見つけられるので便利

高さで食べ分け

たくさんの草食動物がすんでいるアフリカの草原では、みんなが同じ草を食べたら、とり合いになる。そこで、ほかの動物とはちがう高さや場所、種類の草を食べることで、争いをさけているのだ。

まめちしき　後ろあしで立ち上がって高い場所の葉を食べるうちに、首も舌も長くなった。それだけでなく、背骨やあしの筋肉なども、長時間立っていられるように進化した。

なぜなに ミユビナマケモノ

Three-toed Sloth

哺乳類 貧歯目ミユビナマケモノ科 | *Bradypus variegatus*

？ なぜナマケモノっていうの？

ナマケモノなんてかわいそうな名前がついているけれど、どうしてそうよばれているのだろう？

大きなかぎづめをえだに引っかけて、楽にぶら下がれる

こんな大きさ

首が270度も回転するので、ぶら下がったまま、広いはんいを見わたせる

絶滅危惧度
EX / EW / CR / EN / VU / NT / **LC**

すがたはサルににているが、じつはアリクイやアルマジロのなかま

まめちしき ほかの哺乳類とくらべて体温が低く、朝は体温を上げるために木の上で日なたぼっこをする。また、週に1度くらい木から下りて、木の根元でフンをする。

122

分布	中南米
生息環境	熱帯雨林
とくぎ	泳ぎ
鳴き声	アーイー

！動きがとても ゆっくりだから！

一生のほとんどを
木にぶら下がったままですごす。
毒のある葉を食べることもあり、
消化するのに体力が必要となる。
むだな体力を使わないように
じっとしているのだ。

なまけるのには理由がある！

コケが生えた
うす緑色の体は、
森の中では
目立たない ✈

ぶら下がりの天才

バランスをとるのがとても上手。天敵で、木登りが得意なジャガーもこられないような、細いえだ先にも、ぶら下がれる。

まめちしき　1年に1頭のこどもを産み、大切に育てる。1か月ほどで乳ばなれすると、母親は食べられる葉をこどもに教え、すみ続けた場所をこどもにプレゼントして、出て行く。

なぜなに アメリカビーバー

American Beaver

哺乳類 | 齧歯目ビーバー科 | *Castor canadensis*

? えだをくわえているのはなぜ?

木のえだをかじりとって、くわえているビーバー。いったい何に使うのだろう?

絶滅危惧度
EX
EW
CR
EN
VU
NT
LC

こんな大きさ

! 無敵の巣をつくるため!

ビーバーは川の真ん中に巣をつくる。水が流れていると巣が流されてしまうので、えだを運んでダムをつくり、川の水をせき止めるのだ。この巣は陸の敵、水中の敵、空の敵からも守られた、動物界最強の巣だ。

まめちしき　巣の出入り口は水中にあり、部屋は水の上に出るようになっている。大雨で川の水が多くなると、ダムの一部をけずって川の水を流し、巣のまわりの水量を調整する。

てっぺんには、
空気が出入りする
すきまがある

動物界最強の巣！

巣

敵が入れないように、
出入り口は水中にある

ダム

ダムもかんぺきにつくる

水辺の木を前歯でかじってたおし、その
木のえだを水中に積み上げてダムをつくる。
積み上げたえだのあいだに、どろや小石
を入れて、くずれにくくしている。

分布	北米
生息環境	森の川辺
食べ物	木の葉や皮
特徴	家族でくらす

まめちしき

うろこがある平たくて大きいしっぽをもち、泳ぐときにかじの役目をする。また、水面
をたたいて音を出し、家族にきけんを知らせたり、敵をいかくしたりするのにも使う。

125

なぜなに？

Sea Otter
ラッコ

哺乳類 | 食肉目イタチ科 | *Enhydra lutris*

あしのうらには毛が生えていないので、冷えないように、ねむるときは水面から出す

絶滅危惧度
- EX
- EW
- CR
- **EN**
- VU
- NT
- LC

海そうのふとん？

❓ どうやってねむるの？

ラッコは巣をもたず、一生のほとんどを海の上ですごす。いったいどうやってねむるのだろう？

まめちしき おなかの上に石をのせ、そこに貝をぶつけてからを割り、中身を食べる。前あしのわきの下に、ひふがたるんでできたポケットがあり、貝を割るための石をしまっておける。

! 海そうを まきつけてねむる！

水が冷たい遠くの海に
流されてしまわないように、
海底に根をはる海そうを
体にまきつけてねむるのだ。

毛の量は 動物界No.1

動物のなかで、体毛の密度が最も高い。前あしの指は退化してなくなり、毛づくろいしやすい形になっている。いつも毛の手入れをしていて、毛のあいだに空気を入れているので暖かく、水にうきやすい。

1cm四方に、
15万本以上の毛が
生えている

こんな
大きさ

分布	北太平洋
生息環境	沿岸
食べ物	魚、貝、ウニなど
特徴	大食い（1日に体重の1/4の量を食べる）

まめちしき むれでくらし、食事も出産も海の上で行う。水族館で飼育されているラッコは、海そうがないためか、なかまどうしで手をつなぎ合ってねむることがある。

127

なぜなに

Asian Musk Shrew
ジャコウネズミ

哺乳類 **食虫目トガリネズミ科** | *Suncus murinus*

こんな大きさ

電車ごっこ!?

しっぽの付け根の
あたりをくわえて
つながる

2列になることもある

絶滅危惧度

EX
EW
CR
EN
VU
NT
LC

? **どうして
つながっているの?**

お母さんを先頭に、
ジャコウネズミのこどもが
つながって歩いている。
いったい何をしているの
だろう?

! **ヘビのまねを
していた!**

一列になって
ウネウネと歩くことで、
ヘビのまねをし、
ネコなどにおそわれない
ようにしていると
考えられている。

分布	東南アジア、中国、台湾、日本(南西諸島)
生息環境	農耕地、やぶなど
食べ物	昆虫、ヒル、ミミズなど
特徴	脇腹からにおいを出す

まめちしき こどもは、いっせいに親のおしりにくっついたり、親の背中に乗ったりすることもある。ま
たときには、ほかの種のネズミや、ぬいぐるみを先頭にしていることもある。

なぜなに？

Hardwicke's Woolly Bat
ハードウィックウーリーコウモリ

哺乳類 | 翼手目ヒナコウモリ科 | *Kerivoula hardwickii*

こんな大きさ

おじゃましまーす！

？ そこで何をしているの？
コウモリが植物の中に入っている。何をしているのだろう？

！ 中にすんでいた！
これは食虫植物。ふくろになっていて、くらすのにちょうどいい大きさなのだ。

絶滅危惧度
EX
EW
CR
EN
VU
NT
LC

底には昆虫をとかすしるが入っているが、コウモリが底まで落ちることはない

分布	東南アジア、インド、中国
生息環境	森林、農耕地など
食べ物	昆虫
英名の意味	ふわふわの毛のコウモリ

まめちしき この植物はウツボカズラといい、昆虫をおびきよせて栄養にする。このコウモリは木のあなやかれ葉の中などをすみかにするが、食虫植物も利用することがわかった。

なぜなに

Sperm Whale

マッコウクジラ

哺乳類　クジラ目マッコウクジラ科 | *Physeter macrocephalus*

立ち泳ぎ中？

絶滅危惧度

EX
EW
CR
EN
VU
NT
LC

？何をしているの？

全長10m以上にもなる
巨大なマッコウクジラが、
頭を上にして
じっとしている。
いったい何を
しているのだろう？

↑
メスとそのこどもで
むれをつくって
くらす

分布	世界中
生息環境	外洋
食べ物	イカ、タコ、魚
出産数	1頭

まめちしき　哺乳類であるクジラは人間と同じように、水中では息ができない。水面から鼻を出して呼吸しやすいように、クジラの鼻のあなは頭の上のほうについているのだ。

❗ ねむっていた！

マッコウクジラは、深い海にもぐってダイオウイカなどをとらえてくらしている。しかし、ねむるときは海面のそばで、体をたてにして休むものがいることがわかった。

頭の中身は何？
頭の中には、骨や脳のほかに、油が入ったふくろがある。鼻からすった海水でこの油を冷やして小さくかためると、深くもぐりやすくなるのだ。

こんな大きさ

まめちしき　浅い所へ向かうときは、深くもぐるときと反対に、頭の中の油を血液で温めてとかす。油はとけると水よりも軽くなるため、上に向かいやすくなるのだ。

この本がもっと楽しくなる！ 動物のお話 ⑦

ツメの形で「くらし」がわかる！

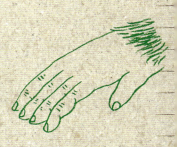

ライオン

するどい
かぎづめ
↓
えものを
おさえつけて、
肉を引きさける

[たおしたえものを
食べてくらす]

シマウマ

かたい
ひづめ
↓
速く走れる

[天敵から
にげてくらす]

チンパンジー

小さな
平づめ
↓
物をにぎっても
じゃまにならない

[木をにぎって
移動してくらす]

ひづめをもつ動物には2つのグループがある

奇蹄目

体を支える
ひづめの数が
1つか3つ
ウマ・バク・サイ

偶蹄目

体を支える
ひづめの数が
2つか4つ
イノシシ・ウシ・シカなど

ツメからわかること

動物の体のなかでもツメは、くらしに合わせてとくにいろいろと進化してきた部分だ。そのため、ツメの形は、何を食べているか、どんな移動の仕方をしているかなど、さまざまなことを教えてくれる。

するどいかぎづめで敵をたおす

大きくてするどいかぎづめは、えものをたおしたり、肉を引きさいたりするのに役立つ。肉食動物の多くがかぎづめをもっている。

かぎづめをもつ動物の多くは、たおしたえものを食べてくらしている。

かたいひづめで速くにげる

ひづめはとてもがんじょうで、このツメだけで立っている。ひづめがしっかりと地面をけり、速く走りだせるため、とつぜん天敵が表れても、すばやくにげられる。

ひづめをもつ動物の多くは、天敵からにげてくらしている。

ひづめはツメが進化したもの!

小さな平づめはじゃまにならない

物を持ったりにぎったりするときに、じゃまにならない。木の上でくらすサルなど、えだをにぎったり、果物を持って食べたりする動物の多くは、平づめをもっている。

平づめをもつ動物には、木の上でくらすものが多い。

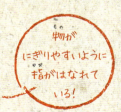
物がにぎりやすいように指がはなれている!

なぜなに

African Jacana
アフリカレンカク

鳥類 チドリ目レンカク科 | *Actophilornis africanus*

? あしがたくさん!?
むねのあたりから、
あしがたくさんつき出ている。
いったいこれはなんだろう?

あれ!? 手がある?

絶滅危惧度
EX
EW
CR
EN
VU
NT
LC

2羽分のヒナの
あしがとび出ている

あしに水かきはなく、
長い指で葉の上を
走って移動する

! ヒナのあしだった!
つき出しているのはヒナのあし。
オスは、きけんを感じると、
ヒナをわきにかかえて
安全な場所までにげるのだ。

分布 アフリカ中央〜南部
生息環境 湖、沼、川
食べ物 水生昆虫、エビ
特徴 オスが子育てをする

まめちしき 水面に大きな葉をうかべるハスなどの、水生植物の上でくらす。長い指を開き、広い面積で体重をささえることで、水にうかぶ不安定な葉の上でも自由に歩けるのだ。

なぜ なに

Yellow-billed Oxpecker

キバシウシツツキ

鳥類 | スズメ目ムクドリ科 | *Buphagus africanus*

？ 顔の上で何しているの？

アフリカスイギュウに、小鳥が乗っている。
じつはこの鳥、ほとんどの時間を
草食動物に乗ってすごす。いったいなぜ？

このちゃっかり者！

するどいツメ→
でしがみつく

こんな大きさ

分布	アフリカ中央〜南部
生息環境	サバンナ
食べ物	昆虫、ダニ
鳴き声	ジュル、ジュル

！食事をしている！

ひふにすむダニやハエの幼虫を
食べているのだ。ここにいれば
食べ物をさがしに行く必要もない。

絶滅危惧度

EX
EW
CR
EN
VU
NT
LC

まめちしき 虫だけでなく、毛をぬいて巣の材料にしたり、けがをしているところから肉を食いち
ぎったりする。スイギュウはいやがっているようには見えないが、追いはらえないだけ。

135

なぜなに シャカイハタオリ

Sociable Weaver

鳥類 スズメ目ハタオリドリ科 | *Philetairus socius*

❓ このかたまりは何?

アフリカの
かんそう地帯にある木に、
大きなわらのかたまりが
ぶら下がっている。
これはいったいなんだろう?

巨大マンション!?

絶滅危惧度
- EX
- EW
- CR
- EN
- VU
- NT
- **LC**

こんな大きさ

- **分布** アフリカ南部
- **生息環境** サバンナ
- **食べ物** 種子、昆虫
- **特徴** スズメのなかま

まめちしき 漢字では「社会機織」と書く。巨大なむれで協力し合ってくらし、くちばしで草をさいて機織り機のように上手にあむことから、この名前がついた。

小鳥がつくった巣!

これはシャカイハタオリという
小鳥の巣が集まったもの。
巨大なものでは、
はば10m、重さ1tにもなり、
300羽以上がいっしょに
くらしている。

スズメとほぼ
同じ大きさ
↓

↑
それぞれの巣の出入り口は
下向きについていて、
巣の中はつながっていない

なぜ大きいの?

かんそう地帯は昼と夜の
気温の変化がはげしい。
巣全体が大きいと、外の
気温が変わっても影響を
受けにくく、中の温度をた
もてるのだ。

まめちしき　巣は修理しながら、100年以上使い続けることもある。大きな木がない場所では、
電柱に巣をつくることもあり、それが原因で停電がおこることもある。

137

なぜなに

Satin Bowerbird

アオアズマヤドリ

鳥類 スズメ目ニワシドリ科 | *Ptilonorhynchus violaceus*

絶滅危惧度

EX
EW
CR
EN
VU
NT
LC

？ なぜ青い物がいっぱい？

そこらじゅうに
青い物が
ちらばっている。
じつはこれ、
右側の鳥が
せっせと運んだもの。
いったいなんのため？

メスは、オスのしぐさや
かざりつけが気に入ると、
かこいに入る

ストローやキャップなど人工物も利用する

分布	オーストラリア東部
生息環境	熱帯雨林
食べ物	果実、昆虫
和名の由来	オスの羽の色から

まめちしき 鳥のなかには、大きくて目立つ羽でメスの気をひくものが多いが、敵に見つかりやすい。ニワシドリ科の鳥は、物で気をひくため羽は地味なので、敵に見つかりにくい。

鳥もきれいな物が好き!?

! メスの気をひくため!
オスはまず地面をきれいにして、小えだでかこいをつくる。そして青や黄色い物でまわりをきれいにかざり、メスにプロポーズするのだ。

オスは鳴いてメスをよび、おじぎをしたり
← 羽を広げたりする

こんな大きさ

まめちしま　オスがつくるかこいは交尾のためだけのもの。メスはこれとは別に、おわんの形をした子育てのための巣を木の上につくり、メスだけで子育てをする。

なぜなに

Sword-billed Hummingbird
ヤリハシハチドリ

鳥類 アマツバメ目ハチドリ科 | *Ensifera ensifera*

? なんでそんなに長いの？
顔から細長くのびたものはくちばし。体と同じくらい長いがいったいなんのためにあるのだろう？

→ このあたりにみつがある

私だけの花！

絶滅危惧度
- EX
- EW
- CR
- EN
- VU
- NT
- **LC**

こんな大きさ

くちばしの中には、みぞのついた長い舌が入っている

! 花のみつをすうため！
この鳥は花のみつが好物。長い花のおくにあるみつもすえるように、くちばしがこんなに長くなったのだ。

分布	南米北部
生息環境	熱帯雨林
食べ物	花のみつ、昆虫、クモ
体重	約10g（10円玉2枚分）

まめちしき ケイソウのなかまには、とても細長い花があり、この花のみつをすえるのはヤリハシハチドリだけ。花はみつをあげるかわりに、ハチドリに花粉を運んでもらうのだ。

140

なぜなに

Japanese Crane
タンチョウ

鳥類 ツル目ツル科 | *Grus japonensis*

寒さとの戦い！

? なぜ川に入っているの?

タンチョウは、冬の夜は川に入って休むことが多い。なぜ川に入るのだろう?

冷えやすいくちばしを、羽の下に入れて温める

川の中には、キツネなどの天敵はよってこない

! 寒さをしのぐため！

真冬の気温がマイナス20℃になるような地域にすんでいる。そんな地域では、流れる川の水のほうが、外よりも暖かいのだ。

絶滅危惧度
EX
EW
CR
EN
VU
NT
LC

こんな大きさ

分布	北東アジア、日本(北海道東部)
生息環境	湿原、川、湖、沼、草地
食べ物	草、昆虫、ミミズ、魚など
漢字名	丹頂

まめちしき ツルは飛ぶのがとても得意。大きい体でも、飛び立つ前の助走なしで、ふわっと飛び立てる。そのため、足場の悪いひがたでもすばやく飛び立つことができるのだ。

141

なぜ なに

American Flamingo

ベニイロフラミンゴ

鳥類 コウノトリ目フラミンゴ科 | *Phoenicopterus ruber*

くちばしのふちが、
細かいくしのように
なっているので、
プランクトンだけを
食べることができる →

絶滅危惧度

- EX
- EW
- CR
- EN
- VU
- NT
- **LC**

？ なぜピンク色なの?

フラミンゴのなかまは、
美しいピンク色の羽をもつ。
じつはヒナのときは白っぽい
はい色の羽なのだ。
なぜ色が変わるのだろう?

こんな大きさ

まめちしき　数千羽になることもある大きなむれでくらす。ひがたに土をもり上げて巣をつくり、卵を産む。卵はとがっていて、転がって巣から落ちないようになっている。

142

ピンクにはひみつがある！

！ひみつは食べ物にあり！

ヒナは、フラミンゴの親が出す真っ赤なミルクを飲む。これを飲み続けると、体がピンク色に変わるのだ。オスもミルクを出して、子育てをする。

赤いミルクのひみつ

親が食べているプランクトンに、赤い色素がふくまれている。そのため、親が出すミルクも真っ赤で、それを飲んだヒナも色が変わるのだ。ミルクは、のどにある「そのう」という場所から出る。

ミルクをあたえた親は、色がうすくなる
↓

親が出した赤いミルク
↓

分布	北米～中米
生息環境	湖、沼
食べ物	プランクトン
寿命	最長75年(飼育記録)

まめちしき ミルクによる子育ては、体への負担が大きいため、卵は1つしか産まない。しかし、ミルクで確実に育てられるので、ヒナの死亡率は低い。50年以上生きることもある。

143

なぜなに

Emperor Penguin
コウテイペンギン

鳥類　ペンギン目ペンギン科 | *Aptenodytes forsteri*

？ 集まって何をしているの？

もうふぶきのなか、
おおぜいの
コウテイペンギンが
集まっている。
じつはこれは全部オス。
ぴたりと体をよせ合って
何をしているのだろう？

絶滅危惧度

EX
EW
CR
EN
VU
NT
LC

こんな
大きさ

世界一
たいへんな
子育て！

分布	南極大陸
生息環境	氷上、海
食べ物	魚、イカ、エビなど
とくぎ	潜水（最高564m）

まめちしき　卵を産んだメスは、マイナス60℃のなか、100km以上はなれた海まで歩く。そして、海の中を数百kmも泳ぎ回り、エサをさがす。そのあいだメスは何も食べず、何も飲まない。

144

❗ 寒さにたえて卵を温める!

地球上で最も寒い、マイナス60℃の冬の南極で子育てをする。オスはなかまとくっついて寒さにたえながら、卵を温め続けるのだ。

外側のペンギンが中心に入っていこうとするので、中心と外側のペンギンはゆっくりと入れかわっている

はだで温める

鳥が卵を温めるときは、おなかの羽毛がぬけ、出てきたはだに卵をあてて、体温で温める。コウテイペンギンのオスも、あしの上に卵を乗せ、その上からひふをかぶせて温める。

まめちしき　ヒナが自分で食べ物をとれるようになるまで、親は交代で子育てをする。食べ物が多い夏にヒナの巣立ちの時期がくるよう、最も寒さのきびしい冬に子育てをするのだ。

145

なぜなに アフリカタマゴヘビ

Common Egg Eater

爬虫類 有鱗目ナミヘビ科 | *Dasypeltis scabra*

絶滅危惧度: EX / EW / CR / EN / VU / NT / **LC**

❓ 鳥の巣で何しているの?

ヘビが鳥の巣にしのびこんでいる。いったい何をしているのだろう?

こんな大きさ

分布 アフリカ、アラビア半島
生息環境 草原
寿命 最長22年(飼育記録)
とくぎ ウロコをすり合わせて音を出す

ケープハタオリの巣 ▲

まめちしき 歯が退化しているため、卵以外のものは食べられない。鳥が卵を産む2か月ほどのあいだに卵を食べ、それ以外の時期は水しか飲まない。

146

そんなの食べて苦しくないの?

のみこむときに
じゃまになるので、
キバはない

！ 卵を食べていた！

しのびこんでいたのは、
卵を食べるため。
頭の3倍くらいある
大きな卵も、のみこんでしまう。

こぼさずに すべて食べる

中身をこぼさないように、
卵は体の中で割る。首の
骨にある、卵を割るため
に発達した出っぱりに卵を
おしつけて割るのだ。

まめちしき 中身を食べたあとに残った卵のからは、すぐにはき出す。そのとき、からでのどをきず
つけないように、筋肉を使ってからを丸めこんでからはき出す。

147

なぜなに

Namib Sand Gecko
ミズカキヤモリ

爬虫類（はちゅうるい） **有鱗目ヤモリ科**（ゆうりんもく） | *Palmatogecko rangei*

？ 水かきはなんのため?

陸地でくらすヤモリには、ふつう水かきはない。砂漠にすむこのヤモリには、なぜ水かきがあるのだろう?

！ 砂にうもれないため!

水かきのおかげで、砂にうもれず、すばやく動けるのだ。

砂の海で泳ぐ!?

絶滅危惧度
- EX
- EW
- CR
- EN
- VU
- NT
- LC

▲ 赤っぽい体は砂の上で目立ちにくく、敵にも見つかりにくい

こんな大きさ

目は透明なうろこでおおわれていて、ゴミがつくとなめてとる →

分布 ナミブ砂漠(アフリカ)
生息環境 砂漠
食べ物 虫
鳴き声 キューキュー、グワッなど

まめちしき ほかにも、ラクダ(P.50)やアンチエタヒラタカナヘビ(P.182)、モロクトカゲ(P.76)など、砂漠でくらす生き物は、かんそうや暑さ、砂に強い体に進化しているのだ。

148

Red-backed Poison Frog
セアカヤドクガエル

両生類 　無尾目ヤドクガエル科 | *Ranitomeya reticulata*

? どうして背中に乗せているの?

カラフルなカエルが2匹のオタマジャクシをおんぶしている。いったいなんのため?

! 木の上へ運ぶため!

地上にはオタマジャクシを食べる天敵がたくさんいる。オスは、オタマジャクシを木の上の安全な水たまりに運び、育てるのだ。

お父さん！おんぶ！

こんな大きさ

絶滅危惧度
EX
EW
CR
EN
VU
NT
LC

分布	アマゾン川流域（エクアドル、ペルー）
生息環境	熱帯雨林
食べ物	小型の虫
特徴	ひふにもう毒をもつ

まめちしき 水たまりには食べ物がないため、メスがときどきやってきて、オタマジャクシが食べるための卵を産む。ヤドクガエルのなかまには、このような行動をする種が複数いる。

149

見た目だけじゃわからないこともある!

ちがうように見えて、じつは同じ?

ヒトの祖先であるサルは、木につかまる生活をしていた。そのため、私たちの手は、物をにぎるのに便利な形をしている。また、速く走るシマウマのように1本あしになったものや、泳ぎがうまいクジラのようにヒレの形になったものなど、手あしの形は動物によってばらばらだ。しかしじつは、これらの生き物も、先祖の手の形はみな同じだったのだ。このように、ちがう形や役割をしている部分でも、もとは同じ形をしていたということもある。

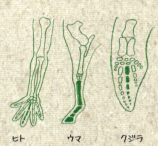

ヒト　ウマ　クジラ

同じように見えて、じつはちがう?

昆虫や鳥、コウモリなどの空を飛べる生き物には、みなはねがある。しかし、昆虫のはねは背中側のひふが変化したもので、鳥の羽は前あしの指から羽毛が生えたもの、コウモリのつばさは指のあいだのひふが変化したものである。このように、見た目や役割が同じような部分でも、もとはまったくちがった形をしていたということもある。

コウモリ
ハト
トンボ

生き物はふしぎなことだらけ!

ちがうように見えるものが同じだったり、同じように見えるものがちがったり……生き物のくわしい情報は、調べてみないとわからないのだ。

生き物の形や分類をよく見て新しい発見をしてみよう!

かしこい ヒョウ

哺乳類 食肉目ネコ科 | *Panthera pardus*

草原には多くの肉食動物がいて、えものを横取りされるおそれがある。そのためヒョウは、えものをつかまえると、安全な木の上に運んでから食べるのだ。

絶滅危惧度
- EX
- EW
- CR
- EN
- VU
- **NT**
- LC

分布 アフリカ、中東〜南アジア
生息環境 草原、森林
食べ物 小型・中型の草食動物、サル、鳥など
とくぎ ジャンプ（真上に3m、横に6m）

まめちしき 母親は、母乳をあたえる時期が終わると、こどもに生きていくワザを教える。狩りの方法や、木の上への運び方を見せて教え、小さな動物をこどもにあたえて練習させる。

高い所でゆったりお食事！

木の上がお気に入り

ヒョウは1日の大半を木の上ですごす。昼間はえだにねそべって休み、夜や早朝に狩りに出かける。木の上からえものにとびかかることもある。

首や全身の筋肉がとても強く、自分より重いえものも木の上に運び上げられる

大きいえものを何日もかけて食べたり、いくつかのえものを木の上にたくわえたりすることもある

まめちしき 低く平らな木やえだだと、ハイエナが登ってくることがある。そのためヒョウは、横取りされにくいような、バランスが悪い場所にえものをのせる習性がある。

かしこい

Japanese Squirrel
ニホンリス

哺乳類 | 齧歯目リス科 | *Sciurus lis*

絶滅危惧度
- EX
- EW
- CR
- EN
- VU
- NT
- **LC**

大きな落とし物!

森の中に落ちている
大きな毛のかたまり。
じつはこれ、ニホンリスのしっぽ。
リスのしっぽは、
だれかにつかまれると、
ちぎれてしまうのだ。

しっぽは、おもに木の上でバランスをとるために使うので、切られても死なないが、野生では生き残りにくくなる。ときには、えだなどにはさまって切れてしまうこともある。

便利なしっぽ

雨の日は、しっぽをかぶせて体がぬれないようにする。

しっぽは身代わり

しっぽの骨は細くて、ちぎれやすくなっている。敵につかまれても、しっぽだけ切りはなされ、自分はにげられるのだ。

こんな大きさ

分布	日本(本州～四国)
生息環境	森林
食べ物	クルミなどの木の実、芽、花など
巣	小えだや木の皮でできたボール形

まめちしき トカゲがしっぽを切って敵からにげる行動にもにているが、リスはトカゲのように自分でしっぽを切れない。また、切れたしっぽも生えてこない。

155

かしこい

Muskox
ジャコウウシ

哺乳類 ｜ 偶蹄目ウシ科 ｜ *Ovibos moschatus*

ジャコウウシは体が大きいため、
動きがにぶく、あしがおそい。
そこでかれらは、
オオカミなどにおそわれると、
オスがかべになり、
こどもやメスを守るのだ。

だれも近づけない！

絶滅危惧度

EX
EW
CR
EN
VU
NT
LC

短くてやわらかい毛と、
長くてかたい毛があり、
体温をにがさないよう
になっている

分布	北極圏
生息環境	雪上（夏季は草原）
食べ物	草、ヤナギなどの木の葉、コケなど
漢字名	麝香牛

まめちしき なかまを囲んで守る行動は、天敵と戦うときだけでなく、体が冷えやすいこどもを温める
ときにも行う。マイナス50℃のふぶきの中、こどもを死のキケンから守るのだ。

156

ジャコウウシは暑さに弱いので、太陽の熱をさえぎるために、白い毛が生える

かべはくずさない
大きい角をもつ強いオスとメスが、いちばん外側にならぶ。敵が近づくと、角でついたり、ふみつけたりして、相手が立ち去るまで戦う。

本能で守る
こどもはおとなになると、みずから外側に立つようになる。親が守ってくれたように、今度は自分がなかまを守るのだ。

こどもやメスのまわりを360度とり囲んで守るので、敵はこうげきできない

こんな大きさ

まめちしき　地球が氷におおわれていた氷河期のころから生きのびていて、「生きた化石」とよばれる。しかし、暖かくなった今の地球では、反対に寒い場所でしか生きられなくなった。

157

Giant Anteater
オオアリクイ

哺乳類 | **貧歯目アリクイ科** | *Myrmecophaga tridactyla*

母親の背中にぴったりくっついた
オオアリクイのこども。
こうすれば、黒いもようがつながって見えて、
こどもが敵に見つかりにくくなるのだ。

絶滅危惧度

- EX
- EW
- CR
- EN
- **VU**
- NT
- LC

60cmもある
ねばねばした
舌を巣に
出し入れして、
シロアリを
なめとる

食事もかしこく

大きなツメでシロアリの巣をこわして、シロアリをなめとる。巣は全滅させずに、少しずつ残しながらいくつかの巣を食べ歩く。残したシロアリがふえたころに、また食べにくる。

まめちしき シロアリの巣はとても大きな土の山のようになっているので、見つけやすい。オオアリクイの脳はとても小さいが、記憶力がよく、お気に入りの巣の場所を覚えておける。

とっても便利なもよう!

赤ちゃんは
あしがおそいので、
おんぶして守る
↓

背中には1頭しか
乗せられないので、
こどもは1頭しか
産まない

こんな大きさ

分布 中南米
生息環境 熱帯雨林～草原
食べ物 アリ、シロアリ
とくぎ 泳ぎ

まめちしき　前あしのツメは長くてするどく、武器にもなる。ジャガーやピューマなどの敵におそわれそうになると、大きなしっぽと後ろあしで立ち上がり、ツメを使って戦うこともある。

キタオポッサム

Virginia Opossum

哺乳類 | 有袋目オポッサム科 | *Didelphis virginiana*

キタオポッサムは天敵におそわれそうになると、横たわって動かなくなる。死んだふりをすることで、相手にこうげきする気をなくさせるのだ。

死んでいるの!?

絶滅危惧度
EX
EW
CR
EN
VU
NT
LC

目や口は半開きで、舌を出すこともある

まめちしき　人家のそばでも見られ、犬にも「死んだふり」をする。その間は、呼吸や脈も少なくなる。敵が去るともとにもどるが、最長で6時間続いた記録がある。

こどもが大切
こどもを背中に乗せて移動する。子育て中の母親は、死んだふりをしない。

おしりから、動物が死んだときと同じにおいを出す

こんな大きさ

分布	北米〜中米
生息環境	森林、草原
食べ物	ネズミ、鳥、昆虫、果実など
特徴	木の上でくらす

まめちしき　1回の出産数がとても多く、一度に56頭産んだ記録もある。しかし、乳首は13個しかなく、無事に育つのは10頭くらいだ。

161

Japanese Macaque
ニホンザル

哺乳類 | 霊長目オナガザル科 | *Macaca fuscata*

サルの多くは熱帯に
すんでいるが、ニホンザルは
雪のふる土地にもすむ北国のサル。
長野県の温泉地には、
温泉に入って温まるようになった
ニホンザルがいるのだ。

絶滅危惧度
EX
EW
CR
EN
VU
NT
LC

2種類の毛で全身が
おおわれていて
はだまで水が
とどきにくく、
水切れもよいため
湯冷めはしない
↓

分布 日本(本州〜九州、屋久島)
生息環境 森林
食べ物 果実、葉、昆虫など
寿命 20〜25年

まめちしき サルの多くは泳げないので、水が苦手。しかし、長野県の地獄谷温泉では、ある1頭の子ザルが始めた「温泉につかる」という行動が、むれのなかに広まっていった。

味つけもする!?

宮崎県幸島にすむ野生のニホンザルは、人間があたえたサツマイモを海水であらって食べる。砂を落として、塩味をつけるためだ。

いい湯だな〜!

まめちしき　京都府嵐山には石を集めたりちらかしたりして遊ぶもの、下北半島には海そうを集めるものがいる。ニホンザルには、くらす場所ごとにそれぞれの文化があるのだ。

かしこい

Capuchin
フサオマキザル

哺乳類　霊長目オマキザル科 | *Cebus apella*

フサオマキザルは、チンパンジーとくらべられるほど頭がよい。
かたい木の実の中身を食べるために、大きな石をぶつけて、からを割ってしまうのだ。

絶滅危惧度
EX
EW
CR
EN
VU
NT
LC

かたい木の実を食べるワザ！

こんな大きさ

まめちしき むれで生活するが、ニホンザルなどにくらべてケンカが少なく、ケンカになってもすぐに仲直りする。なかまに自分の食べ物をあたえることもあり、性格はおおらか。

石をかしこく使う

石を道具に使うサルは、チンパンジーとフサオマキザルだけ。割るのにちょうどいい重さと形の石を選び、台にする岩まで運んでから実を割る。

平らな岩を選んで台にする

使いやすい自分専用の道具をかくしておくサルもいる

割れた木の実を横取りする、ずるがしこいサルもいる

2本あしで立つときや、石で実を割るときは、地面にしっぽをついて体をささえる

分布 南米北部～中央部
生息環境 熱帯雨林
食べ物 果実、鳥の卵、昆虫、爬虫類など
寿命 20年

まめちしき 頭がよく手先も器用なことから、北米では体の不自由な人の手助けをする「介助ザル」として訓練されている。教えれば、食事の世話や、ドアの開けしめなどができる。

かしこい

Chimpanzee
チンパンジー

哺乳類　霊長目オランウータン科　| *Pan troglodytes*

こんな大きさ

チンパンジーは動物のなかで、最も多くの道具を使える生き物。石や木のえだ、葉っぱなどを使って、くらしに役立てている。

えだで食べ物をとる

太いえだでシロアリの巣にあなを開け、太さやかたさを調整した細いえだを差しこむ。そして、えだを引きぬいて、おこってえだにかみついたシロアリを食べる。

絶滅危惧度
- EX
- EW
- CR
- **EN**
- VU
- NT
- LC

自然を

まめちしき　チンパンジーが言葉を話せないのは知能のせいではなく、いろいろな音が出せないのどのつくりのせい。教えれば、コンピューターや手話を使って会話できるようになる。

葉っぱで水を飲む

口がとどかない場所の水を飲むときには、葉っぱを使う。かんでやわらかくした葉っぱをあなに入れて水をしみこませ、その葉っぱをとり出して、水をすうのだ。

使いこなす!

葉っぱはとても便利

おなかがいたくなると薬になる葉を食べたり、鼻がつまると鼻のあなに草を入れてクシャミをし、鼻水を出したりする。目的に合わせて、葉やえだをうまく使うのだ。

分布	アフリカ中央部、西部
生息環境	森林
食べ物	果実、葉、昆虫、小型哺乳類など
寿命	50年

まめちしき 複数のオスとメス、そのこどもからなる20〜100頭のむれでくらす。むれのなかまどうしには序列があり、序列が上の相手にはおじぎなどのあいさつをする。

167

マイルカ

かしこい

哺乳類　クジラ目マイルカ科 | *Delphinus delphis*

イルカはなかまとむれをつくってくらし、協力して狩りをすることが多い。先回りしてえものをはさみうちにしたり、あさせに追いこんだりするなど、さまざまな方法が知られている。

ばつぐんのチームワーク！

絶滅危惧度
EX
EW
CR
EN
VU
NT
LC

まめちしき　コウモリ（P.88など）と同じように、超音波を使って物の位置を知ることができる。空気中にくらべて水中では、超音波がはるかに速く、遠くまでとどく。

魚のむれを見つけると、海面でジャンプするなどして音を出し、なかまをよぶ

こんな大きさ

魚のむれをおそう

マイルカは、むれをつくるアジなどの魚をえものにする。なかまといろいろな方向からおそうことで、魚のむれをくずし、むれからはぐれた魚をすばやくとらえるのだ。

分布 熱帯～温帯
生息環境 外洋
食べ物 魚、イカ
寿命 20年

まめちしき
遊びが大好きで、なかまと追いかけっこしたり波乗りしたりする。知能が高いため、狩りや身を守るための時間が少なくてすみ、遊ぶ能力が発達したと考えられている。

Humpback Whale
ザトウクジラ

哺乳類 | **クジラ目ナガスクジラ科** | *Megaptera novaeangliae*

海面からつき出ているのは、
たくさんのザトウクジラの口先。
なかまと協力して魚を追いこんで、
まとめて食べてしまうのだ。

まとめてパックン！

ひと口でおふろ
約200ぱい分の
海水が入る

絶滅危惧度

EX
EW
CR
EN
VU
NT
LC

まめちしき 最も長い距離を移動する哺乳類で、1年間に数千kmも旅をする。夏は北極や南極近くの食べ物がほうふな冷たい海ですごし、冬は熱帯の温かい海で子育てをする。

あわでおどろかす

鼻から出したあわで魚のまわりを囲む。魚が1か所に集まると、水面に追いこみ、大きな口の中に海水ごと流しこむのだ。

分布	世界中
生息環境	海
食べ物	オキアミ、小魚
寿命	95年

歯はなく、上あごにはひげ板が重なりあって生えている

まめちしき ひげ板は、ひふがかたくなったもので、先の方は毛のように細かくさけている。海水ごとえものをとりこむと、ひげ板のすきまから海水を出し、えものだけをのみこむ。

体の大きさで「すんでいる場所」がわかる！

この本がもっと楽しくなる！ 動物のお話 ⑨

世界にすむヒグマ

同じヒグマでも、北にすむものほど体が大きくなる

北海道　　　　ロシア　　　　アラスカ
250kg　　　　400kg　　　　600kg

日本にすむニホンジカ

同じニホンジカでも、北にすむものほど体が大きくなる

屋久島(鹿児島県)　　本州　　　　北海道
20kg　　　　　　　80kg　　　　120kg

体の大きさからわかること

哺乳類のなかには、すんでいる場所の気候に合った体の大きさに進化することで、環境になじんでいるものがいる。そのため、同じ種でも生息地の気温によって大きさが変わるのだ。

これは、哺乳類についての話

体の大きさと気温の関係

大きい物体ほど、内部の熱をにがしにくいという自然の仕組みがある。これは動物でも同じで、体が大きいほど体温が下がりにくい。そのため、同じ種の動物でも、より気温が低い地域にすんでいるものの体は大きく、より気温が高い地域にすんでいるものの体は小さく進化したのだ。

コップのお湯はすぐ冷めるけど、お風呂のお湯は冷めにくい！

＜世界にすむヒグマの例＞
北海道にすむヒグマよりも、ロシアのヒグマのほうが、ロシアのヒグマよりアラスカのヒグマのほうが、体が大きい。

＜日本にすむニホンジカの例＞
屋久島にすむニホンジカよりも、本州にすむニホンジカのほうが、本州のニホンジカより北海道のニホンジカのほうが、体が大きい。

つまり 同じ種どうしでくらべて、より体が大きいものは、寒い地域でくらしていることがわかる。

大切なのは同じ種でくらべること！

ちなみに 指や耳の先など、体の先っぽは熱がにげやすい。そのため、寒い地域にすんでいるものの耳は、暖かい地域にすんでいるものの耳より小さく（短く）なる。寒い地域では、体からつき出た部分が少ないものが生き残ったのだ。

173

かしこい

Eurasian Jay
カケス

鳥類　スズメ目カラス科　| *Garrulus glandarius*

こんな大きさ

動物にとって寄生虫は病気のもとである。
カケスは、羽についた寄生虫を、
アリの毒を利用して追いはらうのだ。

絶滅危惧度
EX
EW
CR
EN
VU
NT
LC

こうげきするアリ↑

あ〜そこそこっ！

アリの巣の上にすわりこむと、
おこったアリはカケスにのぼり、
蟻酸という毒を出してこうげきする

分布　ユーラシア大陸、日本
生息環境　森林
食べ物　昆虫、果実
とくぎ　鳴きまね

まめちしき　この行動は「蟻浴」とよばれ、カラスやムクドリも行う。アリをおこらせる以外にも、アリをくちばしでつぶして羽にこすりつけることもある。

174

かしこい

Acorn Woodpecker
ドングリキツツキ

鳥類 ▶ キツツキ目キツツキ科 | *Melanerpes formicivorus*

ドングリキツツキは
木にあなを開けて、
ドングリをしまう。
家族みんなで木を
管理し、何年も
同じ木を使い続ける。

だれにもわたさないよ！

ドングリがかわ
いてちぢむと、
小さいあなに
うつしかえる

絶滅危惧度

EX
EW
CR
EN
VU
NT
LC

こんな大きさ

分布	北米西部〜南米北西部
生息環境	森林
食べ物	ドングリなどの果実、樹液、昆虫
産卵数	平均4個

まめちしき ドングリは長いあいだ保管できて、栄養も多い。木にうめて家族で見張れば、ほかの鳥やリスなどのライバルに横取りされることもない。これはとてもかしこい行動なのだ。

175

Common Starling
ホシムクドリ

鳥類 | スズメ目ムクドリ科 | *Sturnus vulgaris*

巨大な鳥のように見えるのは、
ものすごい数のホシムクドリのむれ。
ときには100万羽以上が
集まって大群をつくる。

絶滅危惧度

- EX
- EW
- CR
- EN
- VU
- NT
- **LC**

分布 ユーラシア大陸西部、北アフリカ、北米、オーストラリア
生息環境 林、農耕地、市街地
食べ物 昆虫、果実
産卵数 4〜6個

まめちしき 海の中にも、ホシムクドリと同じ目的でむれをつくる魚がいる。イワシなどの小魚は、
大きな玉の形に集まり、イルカやサメなどの天敵から身を守る習性がある

日本の九州などにも、冬鳥としてやってくる。ムクドリにまじっていることが多いが、白いもようでかんたんに見分けがつく

空に巨大な鳥!?

みんなで目くらまし

天敵であるワシやタカなどは、えものが多いと目うつりして、狩りに失敗することが多い。そこでホシムクドリは、なかまと集まることで、おそわれるのをふせいでいるのだ。

↑夕ぐれに太群をつくって、ねぐらへ向かう

こんな大きさ

まめちしき ヨーロッパのホシムクドリは、寒さをさけるために、冬になると北アフリカまで旅をする。時刻を感じとったり、太陽の位置から方向を知ったりできる能力をもっている。

かしこい
エジプトハゲワシ
Egyptian Vulture

鳥類 | タカ目タカ科 | *Neophron percnopterus*

エジプトハゲワシは、大きくてがんじょうなダチョウの卵を割るために、石を使うかしこい鳥だ。

とがった石をさがし、なるべく高いところから落とす

必殺！石ばくだん！

こんな大きさ

絶滅危惧度
- EX
- EW
- CR
- **EN**
- VU
- NT
- LC

ダチョウの卵

卵が好き
ほかの鳥の卵が大好物で、卵を口にくわえ、空から落として割って食べる。大きすぎてくわえられないダチョウの卵は、石をぶつけて割るのだ。

分布	ヨーロッパ南部〜西アジア、アフリカ
生息環境	砂漠、サバンナ、農耕地
食べ物	鳥の卵、死肉
寿命	14年

まめちしき エジプトハゲワシは上空を飛びながら、目で食べ物をさがす。死肉をよく食べるが、人間や大きな動物のフンを食べることも多く、これがよい栄養のもとになっている。

かしこい

Black Heron
クロコサギ

鳥類 | コウノトリ目サギ科 | *Egretta ardesiaca*

魚やエビは、暗い場所にかくれる習性がある。クロコサギはその習性を利用して、自分の羽で水面にかげをつくり、そこに魚をおびきよせるのだ。

こっちにおいで〜！

こんな大きさ

絶滅危惧度
EX
EW
CR
EN
VU
NT
LC

魚が近づくまでじっと動かずに立ち続ける

分布 アフリカ中央〜南部、マダガスカル
生息環境 川、湖、沼、湿原
食べ物 魚、エビなど
巣 樹上に小えだなどでつくる

まめちしき 顔を水面ギリギリまで近づけて魚をさがし、くちばしですばやくつかまえる。魚に気づかれないように、太陽を背にして、水中から見たときのすがたをわかりにくくしている。

179

かしこい

Woodpecker Finch

キツツキフィンチ

鳥類 スズメ目ホオジロ科 | *Camarhynchus pallidus*

絶滅危惧度

EX
EW
CR
EN
VU
NT
LC

サボテンの
とげや小えだを、
使いやすい
長さに折って
使う

大きいつまようじ!?

まめちしき　ガラパゴス諸島にはフィンチのなかまが14種すんでいる。昔は1種だったが、食べ物や環境のちがいによって、島ごとに異なる進化をし、別種になったと考えられている。

じょうぶなくちばしや、長い舌をもたないキツツキフィンチは、道具を使ってえものをとる。小えだを木のあなに差しこみ、中にいる虫を引っぱり出すのだ。

こんな大きさ

方法は自分でひらめく

だれかに教わらなくても、この方法でえものをとれるようになる。生まれながらにして、どうすれば木の中の虫がとれるかを、知っていると考えられている。

← 引っぱり出した幼虫を食べる

分布　ガラパゴス諸島
生息環境　森林
食べ物　昆虫、クモ
巣　オスが草やコケでボール形につくる

まめちしき　道具を使う鳥はめずらしい。このほかにもニューカレドニアにすむカレドニアガラスは、とげのある葉を使って木のあなから昆虫を引っぱり出すことが、観察されている。

かしこい

Nemib Sanddiver

アンチエタヒラタカナヘビ

爬虫類 | 有鱗目カナヘビ科 | *Aporosaura anchietae*

砂漠にすむ
このカナヘビは、
休むときに、
左右のあしを
交互に上げる。
あしのうらを冷まして、
やけどしないように
しているのだ。

たおれないように、
上げた前あしと
反対側の後ろあしを
もち上げる

アチッ！

アチッ！

絶滅危惧

EX
EW
CR
EN
VU
NT
LC

こんな
大きさ

分布	ナミブ砂漠(アフリカ)
生息環境	砂漠
食べ物	昆虫
別名	シャベルカナヘビ

朝は体温を上げるために、
砂でおなかを温める

まめちしき　日中は、砂の温度が 70℃以上になることもあり、多くの生物は生きていけない。しかし
天敵も少ないので、砂漠でも生きられるこのカナヘビにとっては安全な場所なのだ。

182

かしこい

Sidewinder
ヨコバイガラガラヘビ

爬虫類 有鱗目クサリヘビ科 | *Crotalus cerastes*

砂漠の丘は砂がさらさらで、
生き物はすべってのぼれない。
しかし、横向きにくねくねと
移動するこのヘビは、
地面にふれる面積が
広いので、
ヘビのなかまでは
ゆいいつ、
すべらずに
移動できるのだ。

これなら すべらない！

えものを見つけると、
ピョンピョンはねる
ようにして、
すばやく近づく

絶滅危惧度

EX
EW
CR
EN
VU
NT
LC

こんな大きさ

音でいかくする

しっぽの先には、ふると音が出る部位があり、自分より強い相手がくると「ジャー」と音を出す。毒をもっていることを相手に知らせて、いかくしているのだ。

音を出す部位は、
だっぴしたあとの
からが重なって
できたもの

分布	北米西部
生息環境	砂漠
食べ物	トカゲ、ネズミなど
特徴	毒のあるキバをもつ

まめちしき 夜に動いてえものをさがす。夜行性のヘビの鼻の横には、ピット器官とよばれる、熱を感じる部位があり、暗やみでもえものの体温を感じてつかまえることができる。

183

African Bullfrog

アフリカウシガエル

両生類 　無尾目アカガエル科 | *Pyxicephalus adspersus*

アフリカウシガエルのオスは、
オタマジャクシのすむ水たまりが
ひあがりそうになると、
ほかの水たまりと道をつなげ、
水を流しこむのだ。

メスが産んだ
3000 ～ 4000 個の卵は、
2日ほどでかえる
↓

絶滅危惧度

EX
EW
CR
EN
VU
NT
LC

分布	アフリカ南部
生息環境	草原の水辺
食べ物	小動物
寿命	最長45年

まめちしき　かんそうした場所にすむため、雨期以外は地中でじっとしてすごす。雨が少ない年は、地上に出ないこともある。雨期が始まると、いっせいに地上に出て、繁殖する。

オスはメスよりも大きく、後ろあしの力が強い

わが子のためなら！

命がけで守る

オタマジャクシがカエルになるまでの3週間、オスはそばで見守る。近よるヘビやウシにかみついたり、体当たりしたりと、命がけでわが子を守るのだ。

こんな
大きさ

まめちしき 気に入ったメスをめぐって、オスどうしははげしいケンカをして、自分以外のオスを追いはらう。勝ったオスが、メスとこどもをつくり、できた卵を守る。

185

この本がもっと楽しくなる！ **動物のお話⑩**

「絶滅」には
かならず理由がある！

「絶滅」はなぜ起きるの？

地球の環境は、地震や火山の噴火などにより、とつぜん大きく変化してしまうことがある。その影響で、くらしていた場所や食べ物がなくなったり、気温が大きく変わったりしてしまうことも。そして、その変化によって生きられなくなった動物が、絶滅してしまうのだ。

どんな動物が「絶滅」しやすい？

①体が大きくて赤ちゃんをたくさん産まない動物

→赤ちゃんを産めるようになるまでに時間がかかるから

（ゾウ、ゴリラ、サイ、クジラなど）

②生態系の頂点にいる動物

→えものの動物が少なくなると死んでしまうから

（肉食動物、猛禽類など）

③かわった場所にいる動物

→その場所がなくなると絶滅してしまうから

（カワイルカ、バイカルアザラシなど）

④かわった食べ物しか食べない動物

→その食べ物がなくなると死んでしまうから

（パンダなど）

⑤季節ごとに移動して繁殖する動物

→移動先がなくなると子育てができなくなるから

（ナベヅル、カモ、トナカイなど）

⑥体の一部がアクセサリーや薬などに使われる動物

→それらをねらった人間に狩られてしまうから

（ゾウ、サイなど）

⑦人間のくらしをあらす動物

→人間に駆除されてしまうから

（オオカミ、カワウソなど）

絶滅しそうな
動物たちの
理由を
考えてみよう！

動物のお話 ⑪

きみも「進化」を体験して生まれてきた！

「進化」は身近なところにあった！

地球という星ができて6億年後、最初の生物が海中で誕生した。その生物はとても小さく、ひとつの細胞でできたかんたんなものだった。それから40億年、生物たちは進化をくりかえし、今ではさまざまな形やくらしのものたちであふれている。このように生物は、気の遠くなるような時間をかけて進化してきたため、その瞬間を見ることはできない。しかし、意外と身近なところに、この進化の歴史を感じられるものがある。それは、動物の成長である。動物たちが、卵や母親のおなかの中で胎児の形になっていくようすは、動物が太古から現代まで経てきた進化の過程にそっくりなのである。それはまるで、何億年もの進化を早送りしているようだ。そして、これは人間も同様である。

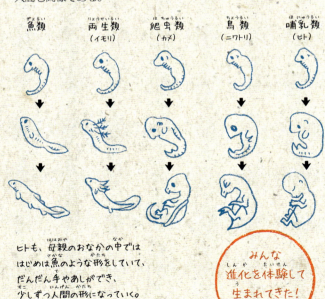

ヒトも、母親のおなかの中でははじめは魚のような形をしていて、だんだん手やあしができ、少しずつ人間の形になっていく。

みんな進化を体験して生まれてきた！

187

動物園を
じっさいに生きている

服装にも気をつかう!

動きやすく、よごれてもよい服で行こう。いつも同じ服を着たり、特徴のあるぼうしやバッグを身につけたりして行くと、動物に覚えてもらえることも。女子はズボンのほうが、安心して動物とふれあえるぞ。

観察道具を持っていく!

カメラで写真をとっておくと、成長の具合がわかっておもしろい。双眼鏡もあると、表情や手あしの動きを観察できて楽しい。倍率8倍ほどの、低価格のものでOKo 携帯電話で鳴き声を録音するのもおすすめ。

動物を安心させる!

動物の前で走ったり、大声を出したりすると、動物はこわがってかくれてしまう。笛を鳴らしたり、レーザーポインターで指したりするのもいけない。動物が、安心してみんなの前に出てこられるようにしてあげよう。

季節ごとの見どころを知る!

春は出産の季節なので赤ちゃんが見られ、夏は暑いので水浴びなどの遊びが見られるぞ。秋は恋の季節なので、メスをさそうアピールをする動物もいる。冬は北極や南極などの寒い地域の動物たちが元気になるぞ。

時間ごとの見どころを知る!

開園直後は、部屋の外に出てきた動物たちはうれしくて大さわぎ! お昼になると、朝食をいっぱい食べて、昼寝をする動物が多い。夕飯が近くなると、エサを求めてよく動いたり、鳴いたりする動物もいるぞ。

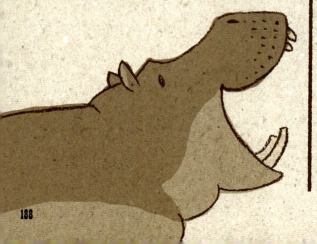

100倍楽しむ
動物を観察しに行こう！コツ

天気ごとの見どころを知る！

晴れの日は動物のこどもがよく遊んでいるけれど、昼寝も多い。雨の日は、雨が好きな動物も多いのでいろいろな行動が見られ、来園者も少ないので観察しやすい。風が強い日は、動物はものかげにかくれてしまうぞ。

飼育係に聞いてみる！

入口に置いてある地図やお知らせを見て、飼育係がエサをあげたり、動物の説明をしたりする時間と場所を確認しよう。動物たちの見分け方や、性格のちがいなど、飼育係しかわからないことを聞いてみよう。

トイレの場所もチェックする！

オシッコで自分のなわばりを主張するライオンや、移動しながらただ出すだけのサルなど、動物によってオシッコの場所はさまざま。観察してみると、意外な発見があるかも。動物ごとのニオイがわかれば達人だ。

鳴き声もチェックする！

動物によっては、時間や気持ちによってさまざまな鳴き声を出すものがいる。いろんな時間に観察して声を録音し、くらべてみると楽しいぞ。鳴くタイミングがわかったり、鳴きまねができるようになったりすれば、達人だ。

この本を持っていく！

この本でしょうかいしている動物のなかには、動物園で見られるものもたくさんいる。本の説明を読んで、それが本当か確かめてみよう。肉食動物の見分け方など、この本で紹介した動物の見方を試してみるのもおすすめ。

189

さくいん

あ
アオアシカツオドリ ……… 102
アオアズマヤドリ ………… 138
アカカンガルー …………… 96
アカミノフウチョウ ……… 34
アジアゾウ ………………… 54
アフリカウシガエル ……… 184
アフリカタマゴヘビ ……… 146
アフリカニシキヘビ ……… 108
アフリカレンカク ………… 134
アマガエルモドキ ………… 47
アメリカビーバー ………… 124
アルマジロトカゲ ………… 45
アンチエタヒラタカナヘビ …… 182
インドオオコウモリ ……… 62
ウオクイコウモリ ………… 88
エジプトハゲワシ ………… 178
エダハヘラオヤモリ ……… 46
オウギタイランチョウ …… 37
オウギバト ………………… 36
オオアリクイ ……………… 158
オオグンカンドリ ………… 40

オオホオヒゲコウモリ …… 27
オグロジャックウサギ …… 60
オサガメ …………………… 74
オナガラケットハチドリ … 42

か
カケス ……………………… 174
カバ ………………………… 116
カモノハシ ………………… 92
カンムリクマタカ ………… 104
キジオライチョウ ………… 38
キタオポッサム …………… 160
キタゾウアザラシ ………… 30
キツツキフィンチ ………… 180
キノボリセンザンコウ …… 28
キバシウシツツキ ………… 135
キリン ……………………… 94
キンシコウ ………………… 12
グリーンバシリスク ……… 78
クロコサギ ………………… 179
ゲレヌク …………………… 120
コアラ ……………………… 56
コウテイペンギン ………… 144

コモドオオトカゲ ………… 112

さ
サイガ ……………………… 53
ザトウクジラ ……………… 170
サバクキンモグラ ………… 23
シマテンレック …………… 19
ジャイアントパンダ ……… 58
シャカイハタオリ ………… 136
ジャクソンカメレオン …… 77
ジャコウウシ ……………… 156
ジャコウネズミ …………… 128
シャチ ……………………… 99
シロイワヤギ ……………… 52
シロヘラコウモリ ………… 26
ズグロモリモズ …………… 106
セアカヤドクガエル ……… 149
セイウチ …………………… 97
セキセイインコ …………… 70

た
タスマニアデビル ………… 90
タテガミオオカミ ………… 20
タンチョウ ………………… 141

それぞれの動物の絶滅危惧度メーターもいっしょにのせています。
メーターが右にいくほど、絶滅する可能性が高いことを表しています。

チーター……………………… 84

チスイコウモリ……………… 89

チンパンジー……………166

テングザル ………………… 14

ドングリキツツキ…………175

な

ナイルワニ …………………110

ニシツノメドリ………………67

ニホンザル…………………162

ニホンリス…………………154

は

ハードウィックウーリーコウモリ …129

ハイイロタチヨタカ ………… 68

ハイイロペリカン……………… 72

ハシビロコウ ……………… 66

ハシボソガラパゴスフィンチ……107

ハダカデバネズミ…………… 25

バビルサ…………………… 21

ヒクイドリ …………………105

ピグミーマーモセット …… 15

ヒトコブラクダ……………… 50

ヒメアルマジロ ……………… 29
?

ヒメミユビトビネズミ …… 24

ヒョウ ………………………152

ヒョウアザラシ……………… 98

フサオマキザル……………164

ブランフォードトビトカゲ … 79

ベニイロフラミンゴ ………142

ホシバナモグラ……………… 22

ホシムクドリ ………………176

ま

マイルカ……………………168

マダガスカルヘラオヤモリ……… 80

マッコウクジラ……………130

マレーヒヨケザル…………… 16

ミズカキヤモリ……………148

ミツオビアルマジロ …… 61

ミニマヒメカメレオン …… 43

ミユビナマケモノ…………122

ミユビハリモグラ…………… 18

モウドクフキヤガエル …… 113

モロクトカゲ ………………… 76

や

ヤリハシハチドリ…………140

ヨーロッパアシナシトカゲ……… 44

ヨコバイガラガラヘビ ……183

ら

ライオン……………………118

ラッコ ………………………126

リカオン…………………… 86

わ

ワラストビガエル…………… 81

191

監修者

下戸猩猩　げこ しょうじょう

1968年生まれ。生態科学研究機構理事長。専門は、動物行動学、教育工学。上智大学大学院修了後、多摩動物公園、東京恩賜上野動物園に勤務。動物園退職後は大学で教鞭をとり、国内外の野生動物の調査フィールドワークにも精力的にとり組む。野生動物の生態や、飼育・調査の方法を教えるだけでなく、生き物の魅力を伝える方法を考える「博物館学」や「教育工学」も専門としている。監修業でも活躍しており、動物園、水族館、博物館など、多岐にわたる分野でプロデュース・企画を数多く手がけている。科学番組や動物バラエティーの企画・監修は300作品を超え、ネイチャー・ドキュメンタリーの世界的大作である英国BBC制作映画『ネイチャー』（2014）、フランス映画『AMAZONIA』（2015）、『シーズンズ』（2016）の日本劇場用の総監修や脚本原案も担当。さまざまなメディアで活躍する、生き物の面白さを伝えるスペシャリスト。

写真提供

AUSCAPE/Corbis/DeA Picture Library/Minden Pictures
Nature Picture Library/Nature Production
NATURE'S PLANET MUSEUM/Photoshot/Science Photo Library
Science Source/SEBUN PHOTO/Visuals Unlimited
アマナイメージズ/ピクスタ/フォトライブラリー

ふしぎな世界を見てみよう！
すごい動物　大図鑑

監修者　下戸猩猩
発行者　高橋秀雄
発行所　**株式会社 高橋書店**
　　　　〒112-0013　東京都文京区音羽1-26-1
　　　　電話　03-3943-4525

ISBN978-4-471-10363-7　ⒸNature & Science　Printed in Japan

定価はカバーに表示してあります。
本書および本書の付属物の内容を許可なく転載することを禁じます。また、本書および付属物の無断複写（コピー、スキャン、デジタル化等）、複製物の譲渡および配信は著作権法上での例外を除き禁止されています。

本書の内容についてのご質問は「書名、質問事項（ページ、内容）、お客様のご連絡先」を明記のうえ、郵送、FAX、ホームページお問い合わせフォームから小社へお送りください。
回答にはお時間をいただく場合がございます。また、電話によるお問い合わせ、本書の内容を超えたご質問にはお答えできませんので、ご了承ください。
本書に関する正誤等の情報は、小社ホームページもご参照ください。

【内容についての問い合わせ先】
　書　面　〒112-0013　東京都文京区音羽1-26-1　高橋書店編集部
　ＦＡＸ　03-3943-4047
　メール　小社ホームページお問い合わせフォームから　（http://www.takahashishoten.co.jp/）

【不良品についての問い合わせ先】
　ページの順序間違い・抜けなど物理的欠陥がございましたら、電話03-3943-4529へお問い合わせください。ただし、古書店等で購入・入手された商品の交換には一切応じられません。